U0155333

2019 年广东省科技计划项目优秀科普作品创作（项目编号 2019A141405057，粤科资字〔2019〕263 号）

广东省科技计划项目优秀科普作品

生活中的数学

刘迎湖 著/绘

暨南大学出版社
JINAN UNIVERSITY PRESS

中国·广州

图书在版编目（CIP）数据

生活中的数学／刘迎湖著、绘 . —广州：暨南大学出版社，2022. 5
ISBN 978 - 7 - 5668 - 3368 - 6

Ⅰ.①生…　Ⅱ.①刘…　Ⅲ.①数学—普及读物　Ⅳ.①O1 - 49

中国版本图书馆 CIP 数据核字（2022）第 024754 号

生活中的数学
SHENGHUO ZHONG DE SHUXUE

著者/绘图者：刘迎湖

···

出 版 人：张晋升
项目统筹：张仲玲
责任编辑：武艳飞
责任校对：张学颖　黄晓佳
责任印制：周一丹　郑玉婷

出版发行：暨南大学出版社（511443）
电　　话：总编室（8620）37332601
　　　　　营销部（8620）37332680　37332681　37332682　37332683
传　　真：（8620）37332660（办公室）　37332684（营销部）
网　　址：http：//www. jnupress. com
排　　版：广州良弓广告有限公司
印　　刷：佛山市浩文彩色印刷有限公司
开　　本：787mm×960mm　1/16
印　　张：11. 875
字　　数：187 千
版　　次：2022 年 5 月第 1 版
印　　次：2022 年 5 月第 1 次
定　　价：53. 80 元

（暨大版图书如有印装质量问题，请与出版社总编室联系调换）

序
Preface

你或者你身边的朋友、家人一定参与过这样的活动或者遇到过这样的问题：大病检的测准性、商铺优惠券的使用、饭桌不稳要摆平、参与抽奖游戏、定制健身套餐、安排合法避税、分配代表大会名额、学生借贷遇陷阱、出门找不到钥匙、评价他人做的事、评价一个人的人品等等。其实在我们日常生活中的很多这类事情都涉及数学。一谈到数学，很多人首先想到的是抽象、难懂、乏味。假如把上面的问题用简洁、形象的插图表达，再用示意图和日常口语方式说明数学如何在这些场合派上用场，数学竟然变得有趣、生动、形象起来！你会惊讶地发现：其实概率、组合、函数和方程组之类的方法原来是可以很贴近生活的！追本溯源，数学问题本来就源于生活，数学方法是为社会大众服务的。看完这本书以后，你也许就会爱上数学了！

这正是华南农业大学数学与信息学院刘迎湖副教授编著这本书的初衷。刘老师在长期教学和科研中积累了丰富的经验。她曾经辅导学生参加各类数学竞赛并获得全国数学建模竞赛二等奖和广东省一等奖。她在数学的多个应用领域都做出过尝试，如植物学、生态学、畜牧学、气象学等，并且取得了成功。难得的是，她还善于把抽象的概念通过简笔画的方式形象地表现出来。《生活中的数学》就是她把这些能力综合起来的又一尝试，这个尝试还得到了广东省科技计划项目优秀科普作品创作的资助。可喜可贺！

骆世明

2021 年 8 月

（骆世明，华南农业大学生态学博士研究生导师，教授，第三届全国高校教学名师，曾任华南农业大学校长、世界化感协会执行副主席、中国农学会副会长、中国生态学学会副理事长）

前　言

Introduction

　　在接受正规教育的过程中，数学陪伴着我们大部分的学习时间，从小学、初中到高中，数学是各阶段的主课。进入大学后，除数学专业外，所有理工科专业及部分文科专业的学生都需要学习高等数学。但遗憾的是，高等教育一旦结束，可能有很多人如释重负地将数学公式与数学理论束之高阁，将其藏在记忆的某个角落中。这是因为数学没有用吗？我相信99％的人都不会否认数学有用，只是很多人认为数学太难了！我身边有不少朋友感慨在读书阶段被迫学习数学，每日与公式、定理和题海搏击，而没能深刻体会其价值。我深感科普数学知识的发生过程和应用是多么重要和有意义！

　　我在大学从事基础数学的教学。由于数学是我的职业技能，因此，在许多场景中，例如，吃饭结账、买菜付钱时，常有人开玩笑说："算账的事就交给这个学数学的家伙吧。"我碰到过为统计问题而发愁的科研工作者，遇见过急切想创业而陷入套路贷的年轻人，碰到过为如何选择人生伴侣而纠结不已的人，其实，数学能在这里派上大用场呢！

　　虽然数学一副"高冷"模样，但我相信人们从心底是渴望和它更为亲近的，也希望脑袋里能武装起数学思维。平日里我喜欢纸上涂鸦，于是就产生了这么个想法——用漫画及插画手段来描绘数学，用通俗易懂的语言展现数学问题的发生过程与解决方法，激发人们用数学来探索生活和对生命的热情。

对于本书的完成，感谢我的好友陈莉女士给予的各种鼓励和文字校对。虽然书中有不少数学公式与推导过程，好像显得很"数学"，但这位法学教授没有望而却步。能听到一位与数学相去甚远的人文学科学者对数学提出的各种疑问、意见和建议，也启发了我对数学文化推广的各种想法。感谢伦敦大学玛丽女王学院（Queen Mary University of London）数学学院的 Dr. Shengwen Wang 和在纽约市哥伦比亚大学（Columbia University in the City of New York）统计专业在读的研究生杨文清同学对书中数学计算的检查与核对。感谢左妙芳、张欢、燕晓黎和林影女士对我写作的鼓励。感谢华南农业大学骆世明教授和张国权教授对此书给予的支持。感谢广东省科技计划厅对本书创作给予的经费资助。

非常感谢河南农业大学马继盛教授和马梅女士给予的无私帮助和鼓励。此书献给我所有亲爱的朋友和想与数学亲近的人们！

作 者

2021 年 12 月

目 录
Contents

买菜时除了做算术，数学人还可以想什么？

很多时候，那些心算能力很强、精于算数的人会让我们感觉他们就是数学家！不过数学家会说，我们可不是算术家！

一位在菜市场卖菜的大婶，她的数学知识可能学得很少，但在心算上也许比很多数学老师都要算得快。那么，精于算术和精通数学的差别在哪里呢？看图说话吧。

青菜 4.9 元，黄瓜 5 元，胡萝卜 4.5 元，茄子 3.4 元，淮山 10 元，总共 27.8 元，再多搭根 0.2 元的葱，给我 28 元吧。

太厉害了！这么快就能算出准确价格。大婶你知道吗？28 是个完美数，我今天的饭菜一定完美！

不愧是个数学人，买菜时对 28 元的菜钱居然能联想到 28 是个完美数。在数学上，完美数就是那种除自身以外的所有约数的和等于自己的自然数，例如，28 除自己外的所有约数为 1、2、4、7、14，并且 28 = 1 + 2 + 4 + 7 + 14。

数学人在买菜时还扯上个完美数，但卖菜的大婶可能不这么想。她可能只想赶紧把菜卖完，这一天的工作对她而言就完美了！

让我们想想如何帮助卖菜大婶尽快卖完菜收工的问题吧。

数学人对优化买菜方案的思考！

于是，数学人就用脑袋干起了活！通过查看账本中的历史数据，研究销售价格与销售量的规律。

先看看青菜的销售情况。经过初步统计分析，100 斤青菜 8 小时内的销售情况如下：如果 4 元一斤，可卖掉 60%；如果 3.8 元一斤，可卖掉 65%；如果 3.6 元一斤，可卖掉 70%；如果 3.4 元一斤，可卖掉 75%；如果 3.2 元一斤，可卖掉 80%；如果 3 元一斤，可卖掉 85%；如果 2.8 元一斤，可卖掉 90%。但低于 2.5 元卖就没有利润了！

查账本，看销售有无规律。

现在明确解决问题的思路，先建立一个售价 x 与销售率 y 的模型，然后计算最优价格，使得营业额最大！

建模第一步：看图说话！

分析数据发现，售价 x 与销售率 y 成线性关系。

重要发现

青菜每降低 0.2 元，销售额增加 5%。可见，每单位 1 元的销售率

增加：$\dfrac{5\%}{0.2}=25\%$

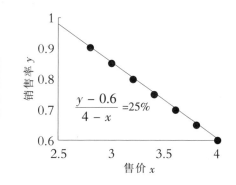

$$\frac{y-0.6}{4-x}=25\%$$

将售价 x 设定在 2.5 ~ 4 元范围内，如果青菜每天进货 100 斤，则营业额 c 为：$c = 100x \times [\,0.6 + 0.25 \times (4 - x)\,]$

应用一点数学知识对 c 求最大值：

令 $\dfrac{\mathrm{d}c}{\mathrm{d}x} = 100\,(1.6 - 0.5x) = 0$，则 $x = 3.2$

可见，最佳售价为 3.2 元。

不过现在仅仅对具有简单规律的数据进行了分析，对于更复杂的数据分析，还需要更多的数学专业知识，记得向数学老师多多请教哦！

02 我们有缘生日相同吗？

地球围绕太阳公转一圈需要 365 天 5 小时 48 分 46 秒。我们通常很少会计较一年到底有多少天多少小时多少分钟，而是用天数取整数的办法并隔几年就加一天来补足缺失的天数。在地球漫长的公转岁月中，有 75.75% 的机会一年有 365 天，有 24.25% 的机会是闰年，一年有 366 天。

公历闰年的判别方法：

(1) 能被 4 整除而不能被 100 整除。

(2) 能被 400 整除。

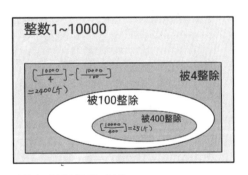

两种方法计算闰年概率：

(1) 特例法： $\dfrac{2400 + 25}{10000} = 24.25\%$

(2) 公式法：

$$\lim_{n \to \infty} \frac{\left(\left[\frac{n}{4}\right] - \left[\frac{n}{100}\right]\right) + \left[\frac{n}{400}\right]}{n} = 24.25\%$$

在一年 365 天或 366 天中，如果你我在同一日出生，那真是一种缘分！芸芸众生中，这种缘分概率又有多大呢？这个问题就是概率论中一道很出名的"生日概率模型"问题。

为了解"生日相同"的概率，我们先看一个类似的投球概率问题。

现在将 3 个小球随机地投入 5 个盒内。设球与盒都是可识别的，并且每个盒子可以放进不止一个球。应用排列组合知识，这 3 个球投放盒子的所有可能放法是 5^3。现在考虑将这 3 个球随机放到不同的盒子里，要完成这件事可视为先从 5 个盒子中任意选取 3 个，然后再对这 3 个盒子进行排列。故 3 个小球面对可供选择的 5 个盒子，选不同盒子放入的概率就是 $P = \dfrac{C_5^3 \cdot 3!}{5^3}$。

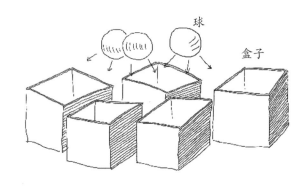

类比地，用刚才把球（人）投入不同盒子（日子）的问题来模拟不同人的生日相遇概率计算问题。

假设某个班有 50 个学生，假设一年按 365 天来计算，计算他们的生日各不相同的概率，可将"50 个学生"视作"50 个小球"，"365 天"视作"365 个盒子"，于是问题可等价地描述为：将 50 个小球投入可供选择的 365 个盒子，计算球可放入不同盒子的概率。

于是：

$$P = \frac{C_{365}^{50} \cdot 50!}{365^{50}} \approx 0.03$$

推广到有 n 个人，设一年 N 天（$N = 365$ 或 366），则他们的生日各不相同的概率为：

$$P(A) = \frac{C_N^n \cdot n!}{N^n}$$

现在，考虑上述问题的对立问题，即至少有两个人生日相同的概率是：

$$P(\bar{A}) = 1 - \frac{C_N^n \cdot n!}{N^n}$$

这个公式就叫作生日概率模型。

应用上述生日概率模型，计算当人数不超过 366 时，至少有两个人生日相同的概率，结果如表 1 所示。

表 1　不同人数的人群中至少有两个人生日相同的概率

n	10	20	23	30	40	50
P	0.12	0.41	0.51	0.71	0.89	0.97

观察表 1 中的计算结果，当人数超过 40，你可以说至少会有两个人大概率在同一天庆祝生日。

如果房间里只有一个人，是不会存在有与之共享生日的人的。而当房间里有 367 个人时，生日的盒子最多也只有 366 个，因此，人群超过此数，可以百分之百肯定至少有两个人生日相同。上述生日模型计算结果进一步表明，人群数量仅需要 50 人以上，就几乎可以百分之百肯定其中至少有两个人的生日相同。

但是，若要考虑作为特定个体的我，想在人群中以超过 99% 的概率找到和我一起过生日的人，那么，又需要有多少人在我周围呢?

我的身边需要有多少人，才能以 99% 的可能性找到和我一起过生日的有缘人。

不求永远在一起
但求同月同日生

话锋一转，现在想计算的问题是我至少要遇到多少人，才能以大于 99% 的概率等到和我生日一样的人。以下计算皆不考虑双胞胎、闰年等特殊情况。

由于我的生日已定，即 365 个日子中的某一个日子已被我占住，其余来的人，如果和我的生日不一样，那就只能在其余的 364 个日子中挑一个，则这个人和我的生日不同的概率就是 $\frac{364}{365}$。故，如果是 n 个人，他们都和我的生日不一样，其概率就是 $\left(\frac{364}{365}\right)^n$。可见，$n$ 个人中至少有一个人和我生日一样的概率就是 $1 - \left(\frac{364}{365}\right)^n$。若要实现 99% 的概率找到和我生日相同的人（可以不止一个人），则需要 1679 人。可见，在茫茫人海中要遇见和你生日相同的人，的确是一份不可多得的缘分！

可是，以 99% 的概率找到和我生日相同所需的 1679 人中，可能不止一个人和我同一天过生日。但我其实只想以 99% 的把握在人群中找到唯一的一个人和我一同过生日，这个愿望能实现吗？

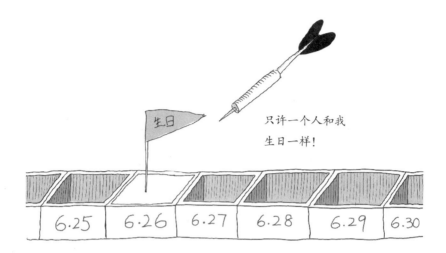

当365个日子中的某一个日子被我占住作为生日后,对于身边的 n 个人,从中挑一个和我同一天过生日的,对于其余的 $n-1$ 个人,全部只能在其余的364个日子中挑一个过生日。由此可见,n 个人中只有一个人和我的生日一样的概率是:

$$P = C_n^1 \frac{1}{365} \left(1 - \frac{1}{365}\right)^{n-1} = \frac{C_n^1 \, 364^{n-1}}{365^n}$$

观察上述公式随人数 n 变化的概率曲线图,曲线随人数 n 的高低变化多少还是有点令人失望!无论你身边有多少人,如果要求只能有一个人和你一起过生日,从变化图形上估计其概率不会超过40%。而要达到最大概率的人数不用多也不用少,用点微积分知识便可准确计算得出,是364.4998个人,即一个接近一年的天数值。而你实现这个愿望的最大概率也仅36.84%。

看来,如果你想象着以接近100%的期待在众多的人群中找到唯

——个和你共度生日的人，是根本做不到的！人生也是如此，许多事情如果抱太大希望，恐怕失望就会更大！

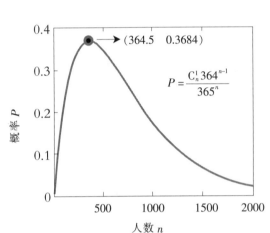

$$P = \frac{C_n^1 364^{n-1}}{365^n}$$

(364.5　0.3684)

概率 P

人数 n

最多也只能以
36.84% 的概率
找到我的唯一！

03 信还是不信？ —— 一份医学 检测报告引发的理性思考！

这世上，没有想生病的人，但有很多疑神疑鬼以为自己生了病的人。

某日清晨，阿甲醒来，忽然感觉胸口左上角第三根肋骨处，传来一阵阵若隐若现的针刺感！身体出毛病啦？阿甲开启了对身体现状细细探索的研究之旅。而此刻阿甲大脑联想功能的神经信号强度也猛然增强，脑海中立即呈现出不久前隔壁部门的同事阿乙在毫无症状的情况下查出肝癌晚期令大家震惊不已的情景。于是，阿甲变得坐卧不安起来，身体不适可能是有病的信号，怎么办？

幸好在网络发达的今天，是难不倒也挡不住人们对疑虑的探索步伐的。如今纵有十万个疑问也只需敲几下键盘问问百度。阿甲在百度上极尽各种可能性做了全面而系统的搜索，对应自己的感受，阿甲愈发觉得身体即将发生某种疾病，这样的痛，搞不好是癌呢！

　　事不宜迟，阿甲直奔医院，医生默默地听着他的各种分析性病情描述。阿甲的话音刚落，医生已在举手抬笔间开出了 10 张检验单。有道是病情推测再有理，还不如几张化验纸！

　　阿甲的化验只有两种结果：得癌或者不得癌。如果化验结果排除得癌，那就是虚惊一场。可是，如果化验结果是阳性，是否就得悲痛欲绝呢？

这种情况下，我们很多时候是这么安慰人的："先不要这么伤心。现在检查结果不好，不一定是你真的得病了，有可能是检查结果错了，咱们再换一家医院检查吧。"

的确，现今检测手段虽高明，但也无人敢保证检查结果百分之百准确。

我们现在来假定有这么一个情景：某种癌症在某个地区发病率为0.06%，现在有某种先进的测试方法，患者对这种试验反应阳性的准确率达98%，不过测试总是不可避免存在误差的，不患此癌的人对这种试验反应也有可能是阳性，假设概率为1%。

现在，如果一个人的癌症测试结果为阳性，在这样的条件下，他的确得了癌症的概率有多大呢？对于这个问题的计算，我们不得不提概率论中两个很重要的定理：全概率公式和贝叶斯公式。

这是一道数学问题!

现在有个人不知道是否得了这种病,但他试验的反应是阳性。虽然测试的结果呈阳性,但试验有误差,因此,此人是癌症患者的概率到底有多大?

贝叶斯公式的思想是执果索因,就是在知道结果的情况下去推断原因的方法,我们用这种方法通过眼睛看到的现象(结果)去推断事情发生的本质(原因)。而全概率公式则是面对一些较为复杂的概率问题时,用一种"化整为零"的思想将它们分解为一些较为容易的情况分别进行考虑的计算方法。

将样本空间进行划分,计算事件 B 的概率分解到较为容易的情况进行考虑。

全概率公式:

$$P(B) = \sum_{i=1}^{n} P(A_i) P(B \mid A_i)$$

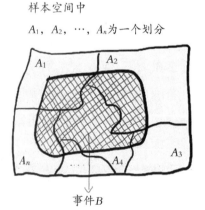

样本空间中

A_1,A_2,…,A_n 为一个划分

事件 B

贝叶斯公式计算的问题是在知道结果的情况下，推断事件发生的各种可能原因的概率。

贝叶斯公式：

$$P(A_i \mid B) = \frac{P(A_i)P(B \mid A_i)}{\sum\limits_{i=1}^{n} P(A_i)P(B \mid A_i)}$$

回到刚才的问题，现在我们假定 C 表示抽查中患有癌症的人，可见其对立事件 $\bar{C}$ 代表没有患这种癌症的人。假定 A 表示试验结果是阳性，已知条件可列举如下：

（1）患癌与不患癌的比例分别如下：

$P(C) = 0.0006$，$P(\bar{C}) = 1 - 0.0006 = 0.9994$

（2）正常人与癌症患者对此测试的结果：

$P(A \mid C) = 0.98$，$P(A \mid \bar{C}) = 0.01$

计算 $P(C \mid A)$ 的概率值需要应用贝叶斯公式。

这个问题是已知结果来推断问题发生的原因，所以要用贝叶斯公式来做！

计算结果如何呢？看下图的演示吧。

$$P(C|A) = \frac{P(C)P(A|C)}{P(C)P(A|C) + P(\bar{C})P(A|\bar{C})}$$

$$= \frac{0.0006 \times 0.98}{0.0006 \times 0.98 + 0.9994 \times 0.01}$$

$$\approx 0.0556$$

这是什么情况？
计算结果表明，在现有实验条件下，尽管他的试验反应是阳性，但他是癌症患者的概率居然只有5.56%。

看到这个计算结果，你会不会陡生这样的感慨：检查结果为癌症的可能性居然比想象的要低很多！做这些检查有什么用呢，纯属吓人！

可是，这个检验对于诊断一个人有没有得癌症真的没有意义吗？如果仅从 5.56% 的数字而言是毫无意义的。然而，如果没有这种检验，随便抽查一个人，判断他患癌的概率才 0.06%，而实验后得阳性反应，则根据检查结果得来的信息，此人患癌的概率为 $P(C|A) = 5.56\%$。从 0.06% 到 5.56%，这将近增加了 92 倍呀！这说明这种检验对于诊断一个人是否患有癌症是有意义的。

从 0.06% 的准确率，增加到 5.56%，提高了 92 倍！这样的检查意义很大！

不过，即便检测结果为阳性，但用这种测试方法确诊患癌症的可能性仅为 5.56%，也即平均来说，100 个人中不足 6 人确患癌症。因此，即使你检出阳性，也尚可不必过早断言你有癌症，毕竟这种可能性也只有 5.56%，此时医生常要通过再化验来确认。

优惠 "圈" 住你了吗?

点滴的积存体现生活的智慧。例如, 购物吃饭时随处就可见各种优惠信息。在网络发达、信息灵通、价格透明的现今, 货比三家比的可能就是优惠力度了。动动脑筋选择有利的优惠, 千万不要嘲笑这种做法俗套, 说得深刻点, 这可是考验大脑是否足够发达的大事。再说啦, 世界那么大, 需要用有限的钱去体会的事情又是那么多, 不用点心生活怎么行呢? 于是, 迷失在优惠中的人不在少数。但各商家的优惠常常是各有千秋没有统一格式, 亲爱的你是否常面临优惠套餐选择困难呢? 如何练就一颗发达大脑, 先来练练数学题吧。

假如你最近喜欢到一家叫"有饭吃"的餐厅吃饭，餐厅推出了两种优惠方式给用餐的顾客选择：

（1）充值 200 元送 20 元。

（2）在大众点评 App 上购买 88 元的代金券，即 88 元可当作 100 元的使用券。代金券可叠加使用但不找零。

先计算一下这两种优惠的理论最大折扣，这样就能比较出两者的优惠力度了。

两种优惠最大折扣率：

（1）充值 200 元送 20 元：200/220≈0.91

（2）88 元买 100 元代金券：88/100=0.88

从最大折扣率的角度而言，"88 元代金券"似乎折扣力度更大。可实际情况是怎样的呢？

代金券可叠加使用但不找零。如果消费的金额正好是代金券所购金额的整数时，此时使用代金券能得到代金券优惠力度的最大值。

哈！这顿饭正好100元，用88元代金券买单，不多不少刚刚好！真划算！

但是，很多情况下，你的消费金额并不是代金券所购金额的整数倍，例如，当你的消费金额是 165 元时，用上一张"88 元代金券"，另付 65 元，折扣率是 $153/165 \approx 0.927$，此时的折扣力度小于"充值 200 元送 20 元"。

理论上，可对"88元代金券"建立一个随消费金额而变化的数学模型。假定这顿饭消费了 x 元，使用的"88元代金券"数量是 $\left[\dfrac{x}{88}\right]$，其折扣函数 $D.R(x)$ 则为：

$$D.R(x) = \frac{\left[\dfrac{x}{88}\right] \times 88 + \left(x - \left[\dfrac{x}{88}\right] \times 100\right)}{x} = \frac{x - 12 \times \left[\dfrac{x}{88}\right]}{x}$$

其中 $\left[\dfrac{x}{88}\right]$ 表示对 $\dfrac{x}{88}$ 取整的函数。

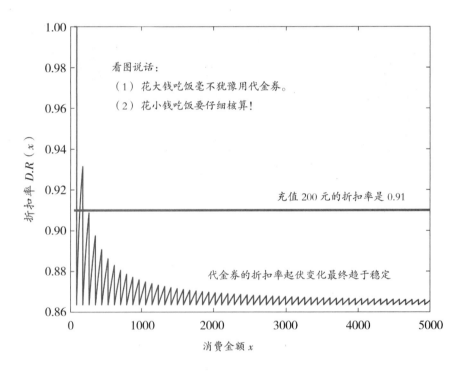

看图说话：

（1）花大钱吃饭毫不犹豫用代金券。

（2）花小钱吃饭要仔细核算！

充值200元的折扣率是0.91

代金券的折扣率起伏变化最终趋于稳定

当然，也不是说当"88元代金券"折扣力度不如"充值200元送20元"大时，后者就一定占便宜了。万一你突然厌倦了这家餐厅的口味，抑或有其他吸引你的餐厅，那么充值剩下的钱有可能会在卡上闲置，又或者这家餐厅突然关门不干了，那就当作送别钱吧。

怎么这会儿突然想吃香飘飘的饭菜了呢? 可是前一段时间在"有饭吃"店充值了3000元，也得赶紧用掉呢!

哈，"圈"住你了!

划算怎么算?

有两家店, 经营同样内容的东西, 除价格表现不一样外, 其他内容无实质性差别。在价格上, 两家各具优劣。作为顾客, 如何选择使得用钱更合理, 这需要进行系统分析综合衡量才能作出最佳策略。

例如，有两家健身俱乐部，优美健店每月会费 300 元，每次健身收费 10 元；大力健店每月会费 200 元，每次健身收费 20 元。如果两家服务内容与质量都一样，现在仅从经济因素的角度来考虑，你会选择哪一家店来健身？优美健店会费虽然贵点，但每次健身收费便宜，适合持之以恒的长期健身者。大力健店虽然会费便宜，但每次收费是美丽健店的两倍，显然，此家适合三天打鱼两天晒网的健身者。可见，分清自己是持之以恒者还是"晒网者"，那就容易选择适合自己去的店了。

下面将从数学的角度，根据自己的健身习惯与健身规律来选择费用最合适的店家。为此先作一点简单的计算。

假定某人每个月去健身的次数 x 固定，则：

优美健店每月总费用为：$c_1 = 300 + 10x$

大力健店每月总费用为：$c_2 = 200 + 20x$

当 $c_1 = c_2$ 时，即当每个月健身次数 $x = 10$ 时，两家店的消费费用是一样的。

对比两家店每月总费用随健身次数 x 的动态变化图，可见，如果这个人每个月健身次数超过 10 次，则应该选优美健店更划算。

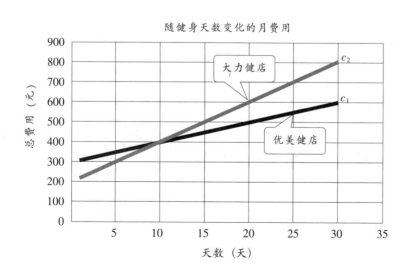

随健身天数变化的月费用

现在问题来了，我们不是时钟，每日都在嘀嗒声中规律转动，出门健身的热情也是如此。很多时候要不要出门健身得看时间和心情，每个月出门健身次数是不尽相同的。

本来计划去健身，临时来电要开会。健身的事儿只能放到明天再说了。

　　这样看来，你得养成对自己的生活细节作统计记录的习惯，例如，将自己过去一年的健身情况作详细记录。如果有这样的记录数据，就可用统计学的观点，更为科学地谋划到哪家去健身性价比高。

统计方法：
　　（1）收集数据，收集的时间长度是1年的数据。
　　（2）用统计学方法分析。

哈！Good question！这种情况就不能用简单的比例法建模进行比较了。用统计学的方法进行分析会更好！

可是我经常忘了去锻炼，有时候练得勤，有时候过了很多天才去健身！这样我应该选哪一家好呢？

得回炉课堂好好学习！

把刚才的计算问题重新进行分析，把时间长度拉长到一年，将问题明确为根据自身锻炼的强度规律，计算费用最低的健身店。

设每年健身次数为 x，则：

优美健店一年的总费用：$c_1 = 300 \times 12 + 10x$

大力健店一年的总费用：$c_2 = 200 \times 12 + 20x$

临界点：$c_1 = c_2$，得 $x = 120$

可见，一年当中如果接近 $120/360 = 1/3$ 的时间不去健身，则应该选择大力健店。

假如小甲这一年的健身记录整理如下：

月份	1	2	3	4	5	6	7	8	9	10	11	12
次数	20	15	20	16	8	12	18	6	8	10	15	3

选择优美健店一年的健身费用是：

$300 \times 12 + (20 + 15 + 20 + \cdots + 3) \times 10 = 5110$

而大力健店的费用则是：

$200 \times 12 + (20 + 15 + 20 + \cdots + 3) \times 20 = 5420$

可见，根据小甲的健身记录，选优美健店总费用要低一些。

但是，不是每个人都有作统计记录的习惯，如何是好?!

对于这种情况，如果能清醒地认识自身的性情、习性及工作规律等情况，还可以对健身规律进行计算机蒙特卡洛模拟。

让我们先来简单介绍一下蒙特卡洛算法（Monte Carlo method），也称统计模拟方法，是20世纪40年代中期随着科学技术的发展和电子计算机的发明而被提出的一种以概率统计理论为指导的非常重要的数值计算方法，是一种使用随机数（或更常见的伪随机数）来解决很多计算问题的方法。它由美国拉斯莫斯国家实验室的三位科学家 John von Neumann，Stan Ulam 和 Nick Metropolis 共同发明。

蒙特卡洛方法的名字来源于摩纳哥的一个城市蒙特卡洛，该城市以赌博闻名，应用这个方法需要具备一定的概率统计知识，且需要辅以计算机相关软件为计算工具。

知识拓展

蒙特卡洛是摩纳哥公国的一座城市。摩纳哥位于欧洲地中海之滨、法国的东南方，是一个版图很小的国家，世人称之为"赌博之国""袖珍之国""邮票小国"。

蒙特卡洛的赌业、海洋博物馆的奇观和格蕾丝王妃的下嫁，都为这个小国增添了许多传奇色彩。摩纳哥的国土面积仅1.95平方千米，与它的邻居法国相比，摩纳哥的地域实在是微乎其微，在法国地图上，这个国中之国就像一小滴不慎滴在法国版图内的墨汁。

蒙特卡洛

哈！明白了。现在开始模拟！

第一步，设好随机变量，制定随机事件；

第二步，画出计算流程图；

第三步，找台电脑编写计算过程。

每天健身的愿望很随机呢，设去健身的概率为 r_1 吧。r_1 越大就表明个人喜爱健身的愿望越强。

由于不能保证有了美好愿望后就一定可以实现，能否顺利出行，还得设一个随机变量 r_2。

准备工作 1：对随机事件的设定

（1）主观因素：今天想还是不想健身。

如果 $0 < r_1 \leqslant a$，则今天想去健身

如果 $r_1 > a$，则今天不想去健身

临界值 a 的大小设定，可根据自身对健身的热爱与持之以恒的热情度等因素进行综合分析而给定。

（2）客观因素：今天能还是不能健身。

如果 $0 < r_2 \leqslant b$，则今天可以去健身

如果 $r_2 > b$，则今天不能去健身

临界值 b 的设定，可根据个人的忙碌程度等因素设置。

准备工作 2：作计算过程模拟流程图

对问题的计算过程画出流程图，这样可帮助人们将人脑思维中的计算翻译为计算机语言。现在，选择合适的计算程序语言，输入系统参数、初始状态和环境条件等数据后，把这种数学模型或描述模型转换成对应的计算机上可执行的程序，便可在计算机上运算，得到我们想要的模拟结果。

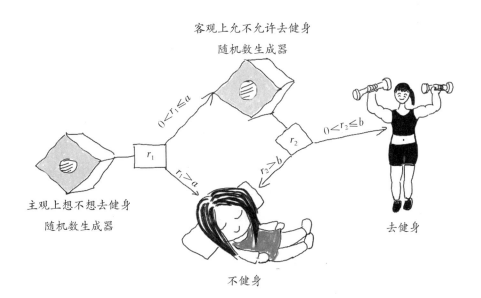

客观上允不允许去健身
随机数生成器

$0 < r_1 \leq a$

$0 < r_2 \leq b$

r_1

r_2

$r_1 > a$

$r_2 > b$

主观上想不想去健身
随机数生成器

去健身

不健身

要开始计算机模拟了，可是很多专业软件我都不会用，怎么办好呢？

其实不一定需要掌握一些专业的数值计算模拟软件，如 Matlab 等，对于简单的模拟，用 Excel 软件就足够了。

通过 Excel 自带的 RAND( ) 函数来产生随机数，并通过 Excel 函数库自带的条件判别语句，便可实现简单的蒙特卡洛模拟每日健身的情况了。

喔！居然可用 Excel 来做计算机模拟！

现在模拟小乙一个月内去健身的情况。下面模拟中，设 $a = 0.7$，则当 $0 < r_1 \leqslant 0.7$ 时就去健身，否则就在家睡懒觉。对另一个随机数

r_2，设 $b=0.8$，当 $0 < r_2 \leqslant 0.8$ 时就能顺利出行，否则出门健身计划泡汤。现在，通过 Excel 做一次实验。

从下面的模拟实验结果可知，她在这一个月内出门健身的次数有 16 次，超过 10 次，因此，选第一家优美健店去健身会省钱一些。

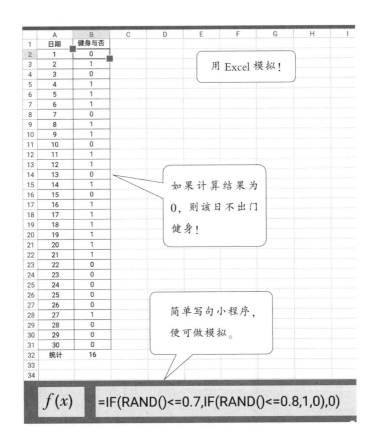

由于随机数是随机产生的，导致每一次的模拟实验结果都不一样，这一次的结果是选优美健店，但也可能下一次的模拟结果是选大力健店，那么我应该相信哪一次的模拟结果呢？

还有疑问！

答：由于蒙特卡洛模拟这种方法的理论依据是大数定理和中心极限定理。因此，我们将每一次的模拟结果看作一组样本点，再让计算机重复做很多次实验，然后取平均值就可以了。

我们重复做这个实验 99 次，加上前一次的模拟结果，模拟一个月内总共去健身的次数，模拟取样数据如下：

16、15、16、23、20、17、19、18、19、18、13、11、18、18、23、19、22、15、21、15、20、16、13、15、15、19、20、15、20、14、20、15、20、15、15、18、17、19、15、16、11、15、16、10、16、23、16、17、18、16、11、18、14、13、18、20、15、19、17、12、13、15、16、20、16、18、20、16、17、13、18、14、16、11、17、17、23、17、16、15、16、21、16、19、20、17、15、14、14、12、17、19、18、15、13、19、16、19、20

模拟结果的月健身平均值是 16.76，我们通过对小乙的健身习惯模拟计算，结果显示她应该选优美健店更划算。

06 桌子能在不平的
地面上放稳吗？

农家乐肥仔烤鸡店虽地处乡村一隅，但店里的拿手好菜烧鸡烤得外焦内嫩风味独特，吸引了不少食客。可是，在这乡野之店，虽然饭菜分量大、口感好，但是，地板经年磨损已是凹凸不平，桌上饭菜酒水摆上后摇摆不稳。对于食客而言，如果要不断伸手照看即将溢洒汤汁的菜碟，即便再香的饭菜，开怀畅享的愉悦心情也是会被打折扣的。正可谓桌子放不稳，吃饭都不香呀！

面对摇摆不平的桌子，店里伙计常常是在桌脚上塞一把纸。常常是纸垫多了，又把另一条桌腿抬高了。毕竟，这种小事情，谁也不会用精密的数学去计算垫纸的厚薄。有时还可见到焦虑吃饭的人抬着桌子四处跑着找一处平地放稳。那么，到底有没有把桌子放稳的好办

夜色茫茫中
乡村小店里，
吃饭喝酒！

法呢?

其实,有一种把桌子放稳的方法,那就是慢慢转动桌子,很快能找到放稳的位置。但是,爱思考的你会忍不住地想:这种做法有什么科学依据吗?

假定地面只是一些细微的不平,桌子也没有什么质量问题,四条腿的长度一样长。将桌子往这样的地面上一放,通常至少会有三条桌腿着地,这样的考虑也是很顺理成章的,三点成一面嘛。

将桌腿与地面的接触视为一个点,下面的探讨仅限于四条桌腿的连线是正方形的情况(长方形的情形相同)。一个想象中的坐标系可如下图所示建立。

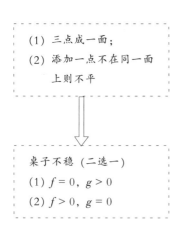

(1) 三点成一面;
(2) 添加一点不在同一面上则不平

桌子不稳(二选一)
(1) $f = 0$, $g > 0$
(2) $f > 0$, $g = 0$

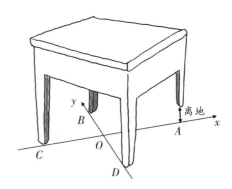

设:f——A 与 C 点到地面距离之和
g——B 与 D 点到地面距离之和

如果图中所述的 f 与 g(分别代表两对对角线顶点到地面的距离之和)全部都等于 0,此时四条桌腿皆与地面接触,也即代表着桌子放平稳了。由于至少有三个点着地,可见无论桌子在什么位置,f 与 g 至少有一个为 0。

现在，我们将以桌子的中心点为原点转动桌子，可见，桌子的四条腿到地面的距离是随着转角 α 的变动而变化的，故可把 f 与 g 视为转角 α 的函数。现在，我们假定桌子最初的状态是 A 腿翘起而其他三条腿着地，即 $f(0) > 0$ 及 $g(0) = 0$。而转动 90 度后，两对对角线顶点互换位置，此时 $f(90°) = 0$ 及 $g(90°) > 0$。

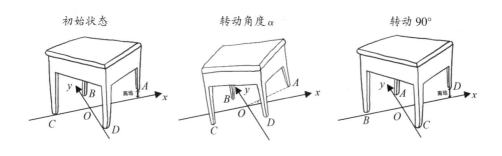

初始状态　　　　　　转动角度 α　　　　　　转动 90°

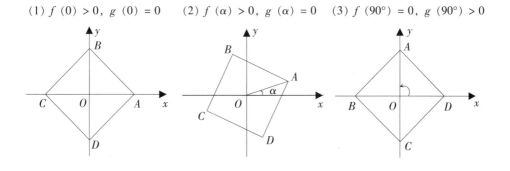

(1) $f(0) > 0$, $g(0) = 0$　　(2) $f(\alpha) > 0$, $g(\alpha) = 0$　　(3) $f(90°) = 0$, $g(90°) > 0$

桌子是否能找到放平的位置，该问题转换为讨论从起始位置转动 90 度的过程中，到底有没有某个角度 c，正好使得 $f(c) = g(c) = 0$。论证这个问题是否成立在数学上可用零点定理来探讨，这个定理给出了方程在某种条件下是否有根的判别。零点定理描述一个在闭区间 $[a, b]$ 上的连续函数 $y = h(x)$，并且在两个端点上函数值的正负号是相反的，即 $h(a) \cdot h(b) < 0$，则函数 $y = h(x)$ 在开区间 (a, b) 内一定存在零点，即存在 $c \in (a, b)$，使得 $h(c) = 0$，这个 c 也就是方程 $h(x) = 0$ 的根。

在本问题中，由于所考虑的地形不会起伏太大，故 f 与 g 满足连续的条件。如果令 $h(x) = f(x) - g(x)$，可见：

$$h(0) > 0,\ h(90°) < 0$$

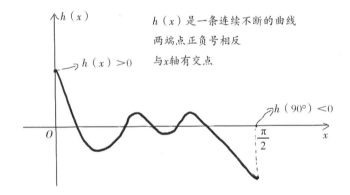

$h(x)$ 是一条连续不断的曲线

两端点正负号相反

与 x 轴有交点

对于这个使 $h(c) = 0$ 的 c，也即使得 $f(c) = g(c)$，前面提到，无论桌子如何摆放，总会有三条腿能够同时着地，即 f 与 g 总会至少有一个为 0，因此，此时的 $f(c)$ 与 $g(c)$ 不仅相等，而且都等于 0，可见，转动这样的角度 c，桌子就可以放平稳了。

即便四个桌腿的连线是一般的不规则四边形，通过转动的方式，一样能找到放平稳的位置。

原来只要轻轻转动一下桌子就能找到平稳的地方了。抬着桌子乱跑真是不科学！

"公平"的赌博游戏

赌博源于何时，至今没人提出过较为明确的答案。远古时代，由于生产力的限制，人们把未知的命运寄托于占卜问卦上。例如，在旧石器后期人类有"碰运气"的习惯，中国史前文明中大量运用"抓签"筮卜方式来判断凶吉。后来，赌博成为一种拿有价值的东西做注码来赌输赢的游戏。据说，在中国的夏朝就出现了赌博游戏。赌博令人滋生不劳而获的想法。现实中，赌与骗是一对孪生兄弟！赌博，参与的人大都觉得这只不过是一个可凭个人运气与智商取胜的游戏。赌场对人的诱惑是不需要具备多大优势，给你平等、有机会赢的错觉。

然而，赌博游戏玩的真是公

人类的远祖猿猴在 1500 万年以前，离开容易生存的森林，来到草莽平原上与草食、肉食动物竞争，最后终于获胜，本身就是一项赌博——拿生命作赌注的博戏。

——人类学家莫里斯《裸猿》

平吗?

　　某天,长并市场来了一伙人,他们摆出家当铺起一块白布宣称要搞一个娱乐大家、绝对公平的对图有奖游戏。白布上的六个方格内画有猪、虾、鱼、葫芦、螃蟹和蛇六种图案。参与者只需把钱押在任意一个方格里作为赌注,钱多钱少随意。然后,庄家把三个骰子(假设骰子的六个面分别对应方格里的六种图案)扣在一个碗里,摇动骰子。

　　如果有一个骰子与所押的图案相同,则可以拿回赌注并赢得同样数目的钱;如果有两个骰子与所押的图案相同,除了赌注可以拿回外还额外赢得两倍赌注的钱;如果有三个骰子与所押的图案相同,不仅可收回下注的本,还能额外赢得三倍赌注的钱。当然,如果三个骰子都没有出现所押方格的图案,赌注就归庄家。

哈哈哈！运气太好了。我押的是蛇，现在三个骰子都是蛇，1元变4元！

　　例如，在有蛇的方格中押上1元，如果有一个骰子摇出有蛇的图案，则可拿回1元的本并额外得到1元；如果有两个骰子摇出来有蛇的图案，则可拿回1元的本并额外得到2元；如果有三个骰子摇出来有蛇的图案，则可拿回1元的本并且同时额外得到3元。

　　对于游戏的参与者而言，参赌者胜算的机会到底有多大呢？

　　设局者会说，游戏是公平的，纯属娱乐！

　　参赌者可能会想，任押一个图案，每个骰子出现此图案的机会都是1/6，三个骰子同时出现此图案的机会应该是3/6，取胜的机会不就是50%吗？因此，参赌者可能也会认为，这个游戏是公平的，能否赢庄家的钱那就看运气了。

当然，设局的庄家就希望参赌者是这么想的。

那么，投掷三个骰子出现同一个图案的机会是否就是 3/6 呢？现在我们从概率论的角度再运用一点排列组合知识来对其进行分析：

（1）一个骰子有 6 面，则三个骰子出现所有面的可能性是：

$$C_6^1 C_6^1 C_6^1 = 216$$

（2）如果三个骰子同时掷出同一个图案，如同时出现"蛇"的图案，则此时只有 1 种可能性了。

可见，投掷三个骰子与所押图案出现同一个图案的概率是 $\frac{1}{216}$，而不是 50%。

玩家渴求的三个骰子投出所押图案同一面的要求非常高！这个机会只有 $\frac{1}{216} \approx 0.46\%$，真可谓是"千载难逢"呀！

此时玩家心想，降低一点要求，只要求有一面投出下注的图案就可以了，这样不仅收回本，还能挣一倍的钱，这个要求应该不高吧。

还是以下注"蛇"为例，看看三个骰子只有一面出现蛇的图案的概率：

从三个骰子中选出一个的面为"蛇",剩下两个骰子的图案则为其余 5 种图案中的一种,因此,这种情况的概率是:

$$\frac{C_3^1 \left(C_5^1\right)^2}{6^3} = \frac{75}{216} \approx 34.72\%$$

继续计算三个骰子有两个出现同一图案的概率,同理可有:

$$\frac{C_3^2 C_5^1}{6^3} = \frac{15}{216} \approx 6.94\%$$

可见,参与的人至少能押中一个的概率是:

0.46% + 34.72% + 6.94%=42.12%

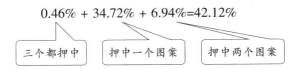

　　从对立的角度来看，庄家能赢的概率就是57.88%，概率计算的结果告诉你，还是庄家的胜算更大一些，这个游戏对玩家其实并不公平。

　　一位叫作"老喻在加孤独大脑"的网友说："在一个概率劣势被锁死的场所，最好的对策是远离该地。人生的自由，某种意义上，就是概率的自由。不赌的人是自由的。"

　　另外，文末额外赠送"赌徒输光定理"：在"公平"的赌博中，任意一个赌徒都有可能会赢。谁输谁赢是偶然的。只要长期赌下去，必然有一天会输光。

游戏由我设，不占点便宜能行吗?! 数学不好的人是玩不过我的!

税税平安说个税

.

对于普通工薪阶层而言，工资、奖金及年金是他们的主要收入来源。《中华人民共和国个人所得税法》规定：个人工资、薪金收入应缴纳个人所得税。自 2019 年 1 月 1 日起，个人所得税免征额为5000 元。下图是 2020 年个人所得税税率表：

最新个税税率

1. 工资范围在5000元以下的，不需要缴纳个人所得税。

2. 工资范围在5000～8000元的，缴纳个人所得税税率为3%。

3. 工资范围在8000～17000元的，缴纳个人所得税税率为10%。

4. 工资范围在17000～30000元的，缴纳个人所得税税率为20%。

5. 工资范围在30000～40000元的，缴纳个人所得税税率为25%。

6. 工资范围在40000～60000元的，缴纳个人所得税税率为30%。

7. 工资范围在60000～85000元的，缴纳个人所得税税率为35%。

8. 工资超过85000元，没有上限，缴纳个人所得税税率为45%。

显然，上图内容隐含了一个数学函数，不需要微积分知识，我们就可以建一个关于收入的缴税模型。

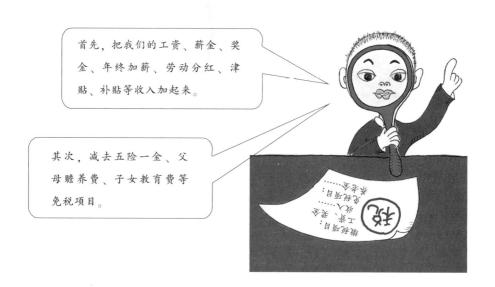

首先，把我们的工资、薪金、奖金、年终加薪、劳动分红、津贴、补贴等收入加起来。

其次，减去五险一金、父母赡养费、子女教育费等免税项目。

假定 x 表示剔除免税项目后某人的月工资薪金收入，用 $f(x)$ 表示该月他应缴纳的税款。起征点为 5000 元，由国家规定的税率表，则有下面的公式：

$$f(x) = \begin{cases} 0, & x \leqslant 5000 \\ 0.03(x-5000) = 0.03x - 150, & 5000 < x \leqslant 8000 \\ 90 + (x-8000) \times 10\% = 0.1x - 710, & 8000 < x \leqslant 17000 \\ 990 + (x-17000) \times 20\% = 0.2x - 2410, & 17000 < x \leqslant 30000 \\ 3590 + (x-30000) \times 25\% = 0.25x - 3910, & 30000 < x \leqslant 40000 \\ 6090 + (x-40000) \times 30\% = 0.3x - 5910, & 40000 < x \leqslant 60000 \\ 12090 + (x-60000) \times 35\% = 0.35x - 8910, & 60000 < x \leqslant 85000 \\ 20840 + (x-85000) \times 45\% = 0.45x - 17410, & x > 85000 \end{cases}$$

举个例子看看公式如何用！

一道数学计算题：

　　陈老师 2020 年 1 月份工资是 9500 元，奖金是 5600 元。另外，她的五险一金每月缴纳 2000 元，赡养老人、子女教育及继续教育每个月平均扣除 2000 元。

　　现在，请你计算一下陈老师 1 月份应缴纳的个人所得税是多少？

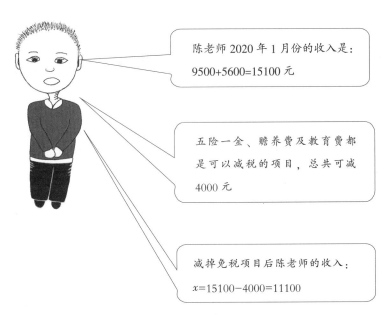

陈老师 2020 年 1 月份的收入是：
9500+5600=15100 元

五险一金、赡养费及教育费都是可以减税的项目，总共可减 4000 元

减掉免税项目后陈老师的收入：
x=15100−4000=11100

代入上述公式的第 3 段，她应缴纳的个人所得税为：

$$f(11100) = 0.1 \times 11100 - 710 = 400(元)$$

现在问题来了：同一个单位的两个人如果扣除免税项目后的年收入是一样的，但由于所在部门不同，而各部门在进行财务筹划时工作效率不一定同步，从而导致他们每个月的奖金额度分配方案不同，这样，是否会导致两人每年的缴税总额不同呢？

我们来做一个对比：

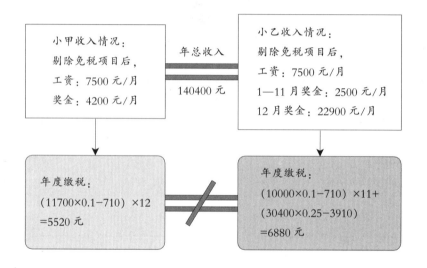

可见，如果两个人年总收入是一样的，但每个月的分配额度不同，所缴的税额也会不一样。

纳税人如能把一次收入多次取得,将所得分摊,增加扣除次数,就能降低应纳税所得额,从而节省税收支出。

现在,仅从数学分析的角度,探讨如何制订奖金发放方案,使得每年缴税总额达到最小。

假定小乙每个月有固定的工资收入 a 元(指剔除免税项目后的工资收入),x_i 是她第 i 个月的奖金,假定她一年的奖金总额 M 是一个常数,则对她可建立如下的奖金收入-纳税数学规划模型:

$$\min \quad f(a + x_1) + f(a + x_2) + \cdots + f(a + x_{12})$$

$$\text{s. t.} \begin{cases} x_1 + x_2 + \cdots + x_{12} = M \\ x_1 \geqslant 0, \ i = 1, 2, \cdots, 12 \end{cases}$$

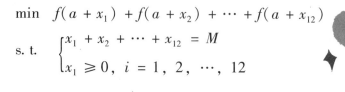

亲爱的，让我们现在就动动脑筋，解解这道最优规划的数学题。做到最佳规划，心中有数！

好难呀！好像得求规划问题的最优解，不懂算法怎么办？

$$\min \quad f(a + x_1) + f(a + x_2) + \cdots + f(a + x_{12})$$

$$\text{s. t.} \begin{cases} x_1 + x_2 + \cdots + x_{12} = M \\ x_1 \geqslant 0, \ i = 1, 2, \cdots, 12 \end{cases}$$

这道问题求解过程其实没有那么复杂，也无须动用艰深的规划问题最优求解理论，用点常理推理即可得到最优方案！

先观察一下个税模型 $f(x)$ 的图形！

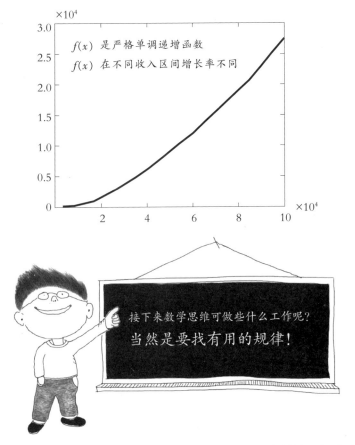

由于缴税函数随收入增加而递增，并且按阶梯级次改变增长速度，因此，下面这条准则对找到最优解显然很重要：

一个准则：要使一年中个税的总额最小，则应使每个月的收入 $a+x_i$ ($i=1$，2，$\cdots$，n) 都尽可能落入较低的级次区间内。

这个准则表明，在进行全年的酬金分配时，要尽量使尽可能多月份的收入落入尽可能低的级次区间内。

对于那些无法安排在最低级次区间的剩余酬金，在上一级次区间内，要尽量选少的月份数分发，为此，还得构造定理如下：

> 一个定理：对于落在某个级次区间内的额度，由这笔额度所产生的年度纳税总额与落在这个级次的具体分配方案无关。

现举具体例子来理解这个定理。如某个人每月薪金 8000 元，现对年奖金总额 10000 元进行筹划分配，讨论下面两种分配方案所缴纳的税额：

方案 1	将年奖金总额 10000 元平均分配到 1—2 月份
	1—2 月份工资收入落入 8000~17000 元级次收税区间
	1—2 月份工资为 13000 元，3—12 月份工资为 8000 元
	年度纳税额： $(0.1 \times 13000 - 710) \times 2 + (0.03 \times 8000 - 150) \times 10 = 2080$
方案 2	将年奖金总额 10000 元平均分配到 1—5 月份
	1—5 月份工资收入落入 8000~17000 元级次收税区间
	1—5 月份工资为 10000 元，6—12 月份工资为 8000 元
	年度纳税额： $(0.1 \times 10000 - 710) \times 5 + (0.03 \times 8000 - 150) \times 7 = 2080$

无论是方案 1 还是方案 2，对年奖金总额 10000 元分配到各个月份后，对应月份的收入都落在同一级次的收税区间。可见，分配这

10000元，只要使得被分配了奖金的月份收入都是落在同一级次的收税区间内，所缴税的总额是一样的，而与这10000元的具体分法无关。

哈！现在可以根据刚才的研究结果制订最优筹划方案了。我们可以把最优计税想象成倒水的情形：

把级次看作水桶，把奖金看作水桶中的水。假定水缸中已有$12a$容量的水（年工资），现在将装满年度奖金M的水倒入水缸，于是水缸中的水逐渐上涨，直到把水桶中的水倒完为止。

下面两种分配方案中，第一种方案是最常用的。如果每个月的固定工资是一样的，则两种方法分配酬金所缴的税是一样的，否则，以第二种方案作为筹划最优方案：

(1) 平均法（月固定工资为常数时用）：对奖金总额M求平均值进行分配。

(2) 填坑法：将工资所在级次的余额用奖金填充后，对于进入下一级次的剩余部分的奖金余额尽可能多地分配，并使得留到再下一级的余额尽可能地少。

例如：小乙每月固定工资 $a = 7500$ 元，年奖金 M 为 61000 元，现用上述两种分配方案计算年度所缴纳税额。

分配方案 1——平均法

将年奖金总额 61000 元平均分配到每个月进行发放，由于 $\frac{61000}{12} \approx 5083.33$ 为无限循环小数，现分配 1—11 月份的奖金额为 5083 元，12 月份的奖金额为 5087 元。

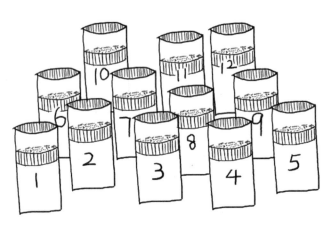

平均分配，每月收入一样

（1）发放方案：

1—11 月酬金：7500 + 5083=12583

12 月酬金为：7500 + 5087=12587

（2）所缴税额：

（12583×0.1−710）×11 +（12587×0.1−710）=6580

分配方案 2——填坑法

首先，计算每月固定工资 7500 元所在级次区间的余量 500 元，可见，先从年奖金总额 61000 元中划拨出 6000 元平均分配到各个月份中，使得每个月份收入达到 8000 元。

其次，对于年奖金余下的 $61000 - 500 \times 12 = 55000$，由于下一级次区间（8000，17000］的每个月的剩余量为 9000 元，故 55000 可分配的月数是 $\frac{55000}{9000} \approx 6.11$，因此，可将 9000 元分配给 6 个月，余下 $(55000 - 9000 \times 6) = 1000$ 分配给余下的另一个月。

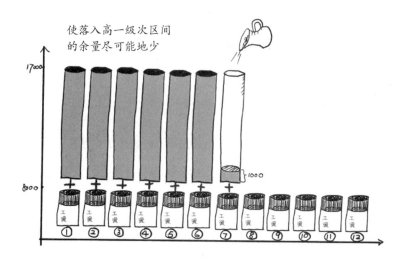

（1）发放方案：1—6 月酬金 17000 元，7 月酬金 9000 元，
　　　　　　8—12 月酬金：8000 元
（2）所缴税额：
$(17000 \times 0.1 - 710) \times 6 + (9000 \times 0.1 - 710) \times 1 + (8000 \times 0.03 - 150) \times 5 = 6580$

最后，计算一下若将年奖金放在其中某个月发放的年度所缴税额。

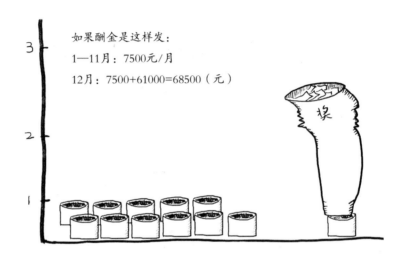

年度缴税额：

（0.03 × 7500 − 150）× 11 + （0.35 × 68500 − 8910）= 15890

虽然某个月忽然入账一笔巨额奖金令人愉悦，不过年度所缴税款比最优筹划方案增加将近141%。

规划美好生活的小目标
动态变化过程

　　蚂蚁在夏天的时候就开始为储备过冬的粮食而辛勤劳动。当冬天来临，蚂蚁把受潮的粮食搬出来晒太阳时，一只饥饿的蝉过来向它们乞食。蚂蚁问："你在夏天时为什么没有储备粮食呢?"蝉说："那时我没工夫干活，我在唱悦耳的歌曲。"

——《伊索寓言》

忠于现实的日子是当你展望未来美好的生活时，是需要更准确一点的计算的。

小戊今年 25 岁，刚大学毕业，在一个三线城市生活，目前月均收入 5000 元。他是个懂事的孩子，每个月花 500 元与人合租，吃饭应酬等基本开销尽量控制在 1500 元内，努力挤出 3000 元用于定投基金理财！

假定小戊投资稳健，所选基金收益长期稳定，投资所得平均月利率为 0.5%，现在，咱们来展望一下他未来的期望高度。

现在需要对发生在离散时间段上存款金额的变化进行建模。

设 a_n 表示第 n 个月月末时的数额，a 为每个月月初的存入额，

r 为月利率。

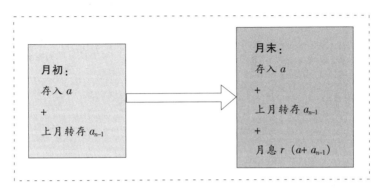

存款金额动态变化过程

于是有：

$$\begin{cases} a_n = (1 + r)(a + a_{n-1}) \\ a_1 = (1 + r)a \end{cases}$$

式中的 n 取值正整数 $\{1，2，\cdots\}$，可见上面的这个方程可表示无穷多个代数方程，被称为动力系统。动力系统能够描述从一个周期到下一个周期的变化。

生活得有目标！按月利率 0.5% 的收益，小戊月投 3000 元的定投计划，使存入金额超过 20000 元需要多长时间？

将上述存款目标写成数学问题便是：当 n 为多少时，有 $a_n \geqslant 20000$ 但 $a_{n-1} < 20000$，a_n 的变化规律如下：

$$\begin{cases} a_n = (1 + 0.5\%)(3000 + a_{n-1}) = 3015 + 1.005a_{n-1} \\ a_1 = (1 + 0.5\%) \times 3000 = 3015 \end{cases}$$

对这个问题求解的方法不止一种，如下三种方法都可以尝试进行计算。

方法一：数学计算法

设：$x a_n + y = k(x a_{n-1} + y)$

通过对比系数法计算，当 $x = 1$ 时，则有 $y = 603000$，并且 $k = 1.005$。

可见：$a_n + 603000 = (a_1 + 603000) \times 1.005^{n-1}$

即：$a_n = 606015 \times 1.005^{n-1} - 603000$

当 $a_n \geqslant 20000$ 时，有 $n \geqslant \dfrac{\ln \dfrac{623000}{606015}}{\ln 1.005} + 1 = 6.5422$。

计算结果表明，经过 7 个月的时间，小戊就能实现 20000 元的存款目标。

方法二：计算机编程求解法

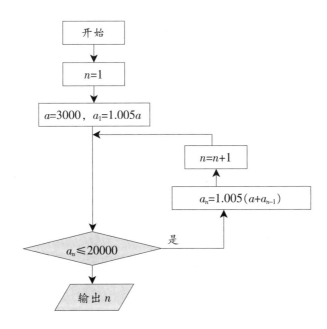

用计算机软件实现这个流程图所示的计算过程，运行结果显示，7 个月后，小戊的存款将超过 20000 元。

但是，如果你的数学和计算机软件编程能力都不强的话，使用计算器也不失为一种方便可操作的计算方法。

方法三：使用计算器

反复敲打按键，加上3000，乘以1.005
用画"正"字法记录循环次数

第 1 个月月末：$1.005 \times 3000 = 3015$

第 2 个月月末：$1.005 \times (3000 + 3015) \approx 6045.08$

第 3 个月月末：$1.005 \times (3000 + 6045.08) \approx 9090.31$

第 4 个月月末：$1.005 \times (3000 + 9090.31) \approx 12150.76$

第 5 个月月末：$1.005 \times (3000 + 12150.76) \approx 15226.51$

第 6 个月月末：$1.005 \times (3000 + 15226.51) \approx 18317.64$

第 7 个月月末：$1.005 \times (3000 + 18317.64) \approx 21424.23$

随着岁月的流逝，经过一番打拼后，小戊的存款额终于可以支付购房款首付了。按目前小戊的月还款能力 p 元，如果他计划申请以 360 次还款能还清的贷款（假定月息为 0.5%），他计划申请的贷款额度有多大呢？

小戊有一个梦想！
能拥有一套南北朝向的房子！

假定 a_n 表示第 n 个月月初时小戊剩余的借款数额，p 是他每个月月初的还款额，r 为月借款利率，则有：

$$a_n = (1 + r) \times (a_{n-1} - p)$$

现将模型变为 $a_{n-1} = \dfrac{a_n}{1 + r} + p$，如果在第 360 次还清贷款，将求解的问题变为由 $a_{360} = 0$ 反推算至 a_1，便可得到小戊的计划贷款额。下表是小戊的贷款方案（月息 0.5%）。

计划月供（元）	计划贷款额（元）
1500	251190
3000	502380
5000	837290

虽然现在的小戊还是小戊，但总有一天小戊会变成老戊。未雨绸缪，养老问题需要长远考虑。

假定小戊从 35 岁起开始考虑养老问题，计划每个月存一笔钱 p 到 60 岁退休为止，等 60 岁退休后就每个月从中领取 c 元作为生活费，假定可持续提取 20 年，那么他每个月应该存款多少？仍然假定月利率 0.5%。

面包树上长面包！

种树养老
积谷防饥

这个问题要分两个步骤来解决，假定年轻时的存钱与年老时的取钱都在月初进行：

第一步，计算一下 60 岁退休所存的款额，可使年老时每月持续提取 c 元 20 年。

设 a_n 表示在退休期间第 n 个月月初领取 c 元后所余的总额，则：

$$a_n = (1 + 0.5\%)a_{n-1} - c$$

由于 $a_n - \dfrac{c}{0.005} = 1.005\left(a_{n-1} - \dfrac{c}{0.005}\right)$

则 $a_n = 1.005^{n-1}\left(a_1 - \dfrac{c}{0.005}\right) + \dfrac{c}{0.005}$

令 $a_{240} = 0$，于是有 $a_1 = \dfrac{c}{0.005}(1 - 1.005^{-239})$

可见，如果退休后每月持续提取 c 元 20 年，则在退休时存款数额应该达到（$a_1 + c$）元。

第二步，计算现在每个月月初存多少钱（设为 p），使得 25 年后存款达到（$a_1 + c$）元。

设 b_n 为存款期间第 n 个月月初存款后的数额，则：

$$b_n = (1 + 0.5\%)b_{n-1} + p$$

同样地，可解得 $b_n = 1.005^{n-1}\left(b_1 + \dfrac{p}{0.005}\right) - \dfrac{p}{0.005}$

令 $b_{300} = a_1 + c$，$b_1 = p$，于是有：

$$p = \frac{a_1 + c}{1.005^{299}\left(1 + \dfrac{1}{0.005}\right) - \dfrac{1}{0.005}}$$

养老计划方案（月息 0.5%）

年老后每月提取 c 元 20 年	年轻时每月存款 p 元 25 年
1000	202.42
2000	404.85
5000	1012.1

可见，贴息之后月存 200 元 25 年，退休后就可以连续每个月取 1000 元达 20 年。

按此模式，即在月息 0.5% 的前提下，月存 p 元 25 年后，月取 c 元 20 年的模型如下：

$$c = \frac{1.005^{299}\left(1 + \dfrac{1}{0.005}\right) - \dfrac{1}{0.005}}{\dfrac{1 - 1.005^{-239}}{0.005} + 1}p = 4.9401p$$

可见，如果现在每月存 p 元钱，那么将来便可以接近 5 倍的回报取钱。

如果我老的时候每个月想取 10000 元作为生活费，现在就应该每个月存 2000 元。不过前提是月息达 0.5%。我得用心理财呀！

在上述的讨论中，年金取款的计划年限是 20 年。但是随着科技的发展，人类的寿命年限似乎给人一种无限的想象空间。如果有一种提取方案，使得年金永远都取不完，那该多好！

对于这个问题的探讨，就需要用到动力系统平衡点稳定性的知识进行讨论。假定所讨论的年金差分方程如下，设初始金额为 a_0，月利率 r 依然为 0.5%，即：

$$\begin{cases} a_n = (1 + 0.5\%) a_{n-1} - c \\ \quad = 1.005 a_{n-1} - c \\ a_1 = a_0 - c \end{cases}$$

平衡点由 $x = 1.005x - c$，解得 $x^* = \dfrac{c}{0.005}$。

如果 $\lim\limits_{n \to \infty} a_n = x^*$，则 x^* 称为稳定平衡点，否则称为不稳定平衡点。

如果 x^* 是稳定平衡点，这就意味着随着时间的推移，虽然每个月取款 c 元，但每月的余额 a_n 的值将逐渐稳定在 x^* 处。

但由于模型 $\begin{cases} a_n = 1.005\,a_{n-1} - c \\ a_1 = a_0 - c \end{cases}$ 中的 a_{n-1} 的系数 $1.005 > 1$，

很遗憾平衡点 $x^* = \dfrac{c}{0.005}$ 是不稳定的。对于这个不稳定的平衡点，系统 a_n 随 n 的变化行为又将如何发展呢？对不同的 c 做个数学实验便知，设 $a_0 = 200000$，若每个月取 5000 元，钱很快就用完了。但如果每个月只取 800 元，则终生不仅不怕没钱，余款还能无限增加。

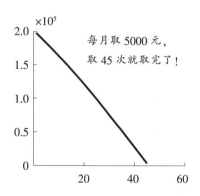

每月取 5000 元，取 45 次就取完了！

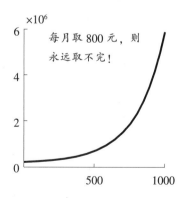

每月取 800 元，则永远取不完！

可见，贴息下复利计算的存款动力系统模型的平衡点尽管是不稳定的平衡点，取款额度的大小不同对存款余额数量变化的影响有

着天壤之别的不同结果，但如果每期所取的数量不超过该期的利息，口袋中的存款数额将永不枯竭。

10 公平与算计

大多数人都明白，平均分配不一定就体现公平。那么，公平应该如何计算呢？来看一个故事。

在一个炎热的下午，一个叫拉姆和一个叫希亚的两个农民外出露营，他们都带了美味的面包，拉姆带了 3 个面包，希亚带了 5 个。正当他们准备吃饭的时候，一个又累又饿的商人经过此处，于是拉姆和希亚邀请他和他们一起吃午饭。

　　但是，8个面包怎样分给三个人才好呢？希亚建议把面包放在一起，再把每个面包切成均等的三小块，这样分配给每个人都不多也不少。吃完面包后，作为回报，商人给了他们8个金币的钱。

　　"8个金币，两个人，我们就每人4个金币。"拉姆高兴地说道。

　　"这不公平。"希亚大声反对，"我有5个面包，你只有3个。所以我应该拿5个金币，你只能拿3个。"

　　拉姆不想争吵，但他也不想让希亚拿走5个金币。于是他们就去找村长毛尔维做裁决。他很快精准算出：希亚应该拿7个金币，拉姆只能拿1个。

　　村长的理由如下：两个人的面包总共分成24块，除各自留下8块面包自用外，希亚和拉姆分别提供了7块和1块面包给商人。可见，商人吃的8块面包只有1块是从拉姆的面包中来的。

　　明白其中的分配计算原理后，拉姆和希亚都没有对这个分配方案再提出异议。

亲爱的读者，你能想明白村长毛尔维的公平裁决吗？

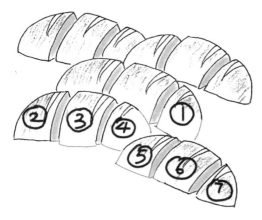

希亚的5个面包分成15份

拉姆的3个面包分成9份

11 席位数量可以公平分配吗？

席位，指个人或团体在会场上所占的座位和位置。康有为在《辨革命书》中曰："盖欧洲但求民权自由耳，若君则如一大席位耳，终有人领之，不必其同国也。"巴金的《探索集·作家》中说："这是新的一代作家，他们昂着头走上文学的道路，要坐上自己应有的席位。"而在现代会议中，席位表示当选的人数，用以指会议代表权。

谁动了我的座位！

由此可见，席位分配是一件很重要的事！公平合理的席位数量分配方案是一个很严肃的科学计算问题。

假定某学校数信学院有三个系，学生共200名，其中，数学系（记为甲系）、计算机系（记为乙系）和信息管理系（记为丙系）的学生人数分别是100、60和40。若数信学院学生代表会议设20个席位，那么，需要给各个系分配多少个名额才是公平的呢？

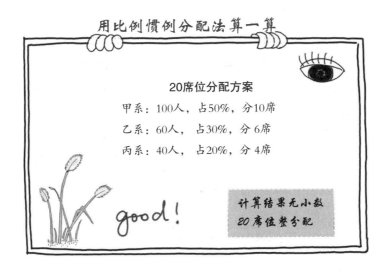

用比例惯例分配法算一算

20席位分配方案

甲系：100人，占50%，分10席

乙系：60人， 占30%，分 6席

丙系：40人， 占20%，分 4席

good!

计算结果无小数
20席位整分配

这种用各系所占比例来分配席位数量的方法是人们常用的一种方法，现在把它称为"比例惯例分配法"，由此法计算可得三个系的席位数分别为10、6和4。

现在丙系有6名学生转入甲系和乙系，此时甲、乙和丙系的学生人数分别变为103、63和34。仍按比例法对这20个席位重新分配：

计算结果：
甲 103 人，占 51.5%，分 10.3 席
乙 63 人，占 31.5%，分 6.3 席
丙 34 人，占 17%，分 3.4 席

算出小数来了，怎么办?! 席位数不能是小数只能是整数!

计算席位有小数，那就按照惯例来，丙的余数为最大，多余席位分丙系!
分配结果：甲 10 席、乙 6 席、丙 4 席。

　　丙系虽然少了 6 名学生，但最终分配仍不妨碍其保持原有的 4 个席位。于是，不由人细想，我们常用的这种比例惯例分配法，是完美的方法吗?

　　现在，换一个角度来考虑席位分配问题。由于 20 个席位的代表会议在表决提案时可能出现 10∶10 的局面，于是学院决定下一届会议将增加 1 席，此时总席位变成 21 席。

　　于是继续使用比例惯例分配法，此时甲、乙、丙系的席位分别变为 10.815、6.615、3.570。现再按惯例处理对出现的小数部分分配未足数的席位，各系得到各自相应的整数席位后，剩下的两个席

位依次分配给小数位大的系。因此，在 21 个席位情况下，三个系的席位分别为 11、7、3 席。

新问题出现了，总席位多了 1 个，但丙的分配数居然变少了 1 个，于是丙系有意见！

要解决这个问题，必须得舍弃原先的比例惯例分配法，重新寻找衡量公平分配席位的指标，并由此建立新的分配方法。

可是，公平该如何进行度量呢？如果有衡量公平的指标，那么大家就能知道每个系公平差异的程度了。

怎么搞的！越分越少了！

不公平！ 丙

没有对比就没有伤害！

20 个总席位丙分 4 席
21 个总席位丙分 3 席

问题出在公平指标的公式上。要把公平指标建立好，才是解决问题的关键！

$E=mc^2$

寻求新方法！

下面来建立一个数量指标，探索一下公平的差异程度。

首先来考虑什么是绝对的公平分配。假定 A、B 双方的人数分别是 p_1 和 p_2，占有的席位分别是 n_1 和 n_2。于是，$\dfrac{p_1}{n_1}$ 和 $\dfrac{p_2}{n_2}$ 分别代表双方每个席位代表的人数。

我代表……

我代表……

其实：席位代表的人数越多，吃亏越大！

如果 $\dfrac{p_1}{n_1} = \dfrac{p_2}{n_2}$，则席位的分配是公平的。但因为人数和席位数都是整数，所以通常 $\dfrac{p_1}{n_1} \neq \dfrac{p_2}{n_2}$，于是产生了席位分配不公平问题，并且 $\dfrac{p_i}{n_i}(i = 1,2)$ 数值较大的一方吃亏，或者说对这一方不公平。

如果 $\dfrac{p_1}{n_1} \neq \dfrac{p_2}{n_2}$，又如何比较两者间的差异程度呢？在数学上，比较两个值的差异程度，有相差法、相比法和相对法这三种常用方法。

比较两者差异程度，有以下三种常用方法：
(1) 相差法。
(2) 相比法。
(3) 相对法。

相差法简单但不好用！

为什么不好用呢？

举个例子你就能明白!

		A 方	B 方	席位代表数差异度
情形 1	人数	150	100	$\dfrac{150}{10} - \dfrac{100}{10} = 5$
	席位数	10	10	
情形 2	人数	1050	1000	$\dfrac{1050}{10} - \dfrac{1000}{10} = 5$
	席位数	10	10	

我明白了!这个例子中,不公平度的差值都是一样的,但后一种情形对 A 的不公平程度已大大降低!

可见,如果简单粗暴地采用相减法,用 $\dfrac{p_1}{n_1} - \dfrac{p_2}{n_2}$ 表示两者间的差异程度,常常无法有效区别两种明显不同的不公平程度。

采用相对不公平度，好！

现在考虑 $\dfrac{p_1}{n_1} > \dfrac{p_2}{n_2}$ 的情形，即分配方案对 A 不公平。为了改进上述绝对标准，于是想到用相对标准。定义 $r_A(n_1,n_2) = \dfrac{p_1/n_1 - p_2/n_2}{p_2/n_2}$ 为对 A 的相对不公平度。

同理，如果分配方案对 B 不公平，即 $\dfrac{p_1}{n_1} < \dfrac{p_2}{n_2}$，则对 B 的相对不公平度为：

$$r_B(n_1,n_2) = \dfrac{p_2/n_2 - p_1/n_1}{p_1/n_1}$$

对比：

两塔与两树，
落差皆 1 米。
可是高塔不觉高多少，
矮树却觉矮很多！

对于下一席位的分配，如果不能做到绝对公平，也应选择使相对不公平度最小的一方。在数学上，对此原则经过严密的数学分析计算，简化后的计算方法如下：对于每一个即将分配的席位，计算各方的 $Q_i = \dfrac{p_i^2}{n_i(n_i + 1)}$ $(i = 1,2)$，由于 Q 值越大的一方受到的不公平程度越大，故应将这一席位分配给 Q 值较大的一方。此法可推广到 m 方分配席位的情形。

这个原则体现了公平的科学计算过程，把公平放在了首要位置，从而创建了如下的公平优先原则：

（1）尽量使各方的席位代表人数相等。

（2）使各方的相对不公平度的指标尽可能小并且接近相等。

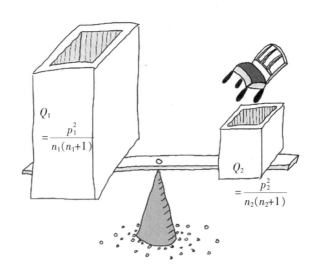

回到前面所述的席位争议问题，在甲、乙和丙系的学生人数分别为 103、63 和 34 的条件下用相对不公平度的 Q 指标来重新分配席位。

从第 1 席开始分，显然得给甲系，谁让它的人数最多呢。

第 2 席：继续给甲系。

第 3 席：给乙系，不要问原因！

第 4 席：给丙系好了，丙系到现在还没有席位呢。目前甲系分得 2 席、乙系分得 1 席、丙系分得 1 席，将甲、乙和丙三系分配的席位数记为（2，1，1）。

从第 5 席的分配开始考虑减少不公平程度。

第 5 席：现在通过公平分配原则来分配这一席位。分别计算三方的 Q 值：

$$Q_{甲} = \frac{103^2}{2 \times 3} \approx 1768.17 \, , \ Q_{乙} = \frac{63^2}{1 \times 2} = 1984.5 \, , \ Q_{丙} = \frac{34^2}{1 \times 2} = 578 \, 。$$

可见这一席应该给 Q 值最大的乙。

把第 5 席分好后，此时甲、乙和丙三系的席位数变为（2，2，1）。

继续往下分配，整理结果如下：

席位	Q 值计算结果	分配结果
第 5 席	$Q_{甲} = 1768.17$，$Q_{乙} = 1984.5$，$Q_{丙} = 578$	（2，2，1）
第 6 席	$Q_{甲} = 1768.17$，$Q_{乙} = 661.5$，$Q_{丙} = 578$	（3，2，1）
第 7 席	$Q_{甲} = 884.08$，$Q_{乙} = 661.5$，$Q_{丙} = 578$	（4，2，1）
第 8 席	$Q_{甲} = 530.45$，$Q_{乙} = 661.5$，$Q_{丙} = 578$	（4，3，1）
第 9 席	$Q_{甲} = 530.45$，$Q_{乙} = 330.75$，$Q_{丙} = 578$	（4，3，2）
第 10 席	$Q_{甲} = 530.45$，$Q_{乙} = 330.75$，$Q_{丙} = 192.67$	（5，3，2）
第 11 席	$Q_{甲} = 353.63$，$Q_{乙} = 330.75$，$Q_{丙} = 192.67$	（6，3，2）
第 12 席	$Q_{甲} = 252.6$，$Q_{乙} = 330.75$，$Q_{丙} = 192.67$	（6，4，2）

（续上表）

席位	Q 值计算结果	分配结果
第 13 席	$Q_甲 = 252.6$，$Q_乙 = 198.45$，$Q_丙 = 192.67$	（7，4，2）
第 14 席	$Q_甲 = 189.45$，$Q_乙 = 198.45$，$Q_丙 = 192.67$	（7，5，2）
第 15 席	$Q_甲 = 189.45$，$Q_乙 = 132.3$，$Q_丙 = 192.67$	（7，5，3）
第 16 席	$Q_甲 = 189.45$，$Q_乙 = 132.3$，$Q_丙 = 96.33$	（8，5，3）
第 17 席	$Q_甲 = 147.35$，$Q_乙 = 132.3$，$Q_丙 = 96.33$	（9，5，3）
第 18 席	$Q_甲 = 117.88$，$Q_乙 = 132.3$，$Q_丙 = 96.33$	（9，6，3）
第 19 席	$Q_甲 = 117.88$，$Q_乙 = 94.5$，$Q_丙 = 96.33$	（10，6，3）
第 20 席	$Q_甲 = 96.45$，$Q_乙 = 94.5$，$Q_丙 = 96.33$	（11，6，3）
第 21 席	$Q_甲 = 80.37$，$Q_乙 = 94.5$，$Q_丙 = 96.33$	（11，6，4）

观察上表的计算结果，到第 21 席的分配时，甲、乙、丙三方的 Q 值分别为：$Q_甲 = 80.37$、$Q_乙 = 94.5$ 及 $Q_丙 = 96.33$。丙系最终以微弱的不公平指标优势战胜了乙系，夺取了最后一个席位。

按 Q 值法的分配方案，这 21 席分配给甲、乙、丙三方的数量分别是 11 席、6 席和 4 席。

以公平为主导逻辑完美地演绎了公平值相较的 Q 值法，满足了丙系对公平的追求！但是，在分配第 21 席时，虽然丙系的不公平指数 Q 值（$Q_甲 = 80.37$、$Q_乙 = 94.5$ 及 $Q_丙 = 96.33$）最大，但与次大值的 $Q_乙$ 值大小相比，优势并不明显，不禁让人思考，Q 值方法一定比 "比例惯例分配法" 更公平吗？

我们从公理的角度再探讨理想的分配方案。假定三方人数分别为 n_1，n_2，n_3，待分配的总席位为 M。

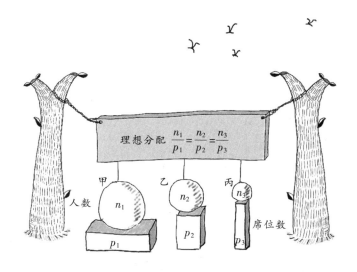

显然，理想的席位分配应该遵从以下两个原则：

原则1：若 $M\dfrac{n_1}{N}$、$M\dfrac{n_2}{N}$ 和 $M\dfrac{n_3}{N}$ 全是整数，分配就不存在争议了。否则，只能取介于该小数的左侧或右侧的整数。

原则2：当总席位由 M 位增加到 $M+1$ 时，总席位 $M+1$ 下的各方席位分配数不应该比总席位 M 下的各方席位分配数少。

可惜的是，人们通常用的"比例惯例分配法"满足原则1但不满足原则2，而所谓强调公平的 Q 值法满足了原则2但不满足原则1。

很遗憾，到目前为止，在席位分配问题上，还没有一个理想的分配方法。

成果评优的"公平度"选取

老乙近日生闷气，心中愤愤不平，缘由是他报送的选优项目居然落选了！这怎么可能呢，他可是花了三天时间不眠不休精心写出的。老乙感慨自己"朝中无人"，认定评选有黑幕，"水太深"！

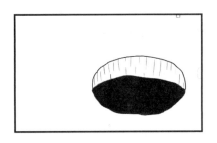

老甲心情也不好！自己领导的优秀团队创作出来的项目，联合了不少业界人士参与，虽然项目涉及此次评选委员会的一些评委，但老甲觉得能够评上优是理所当然的，老甲对那些说三道四的闲话很生气！难道有评委参与的项目就不能是优秀项目吗？

的确，一个优秀的项目，应该是独立于评选人的主观意志而客观存在的。因此，对于每个项目所得的投

票，如何客观公正地映射出"优秀"的函数值呢？

而那些优秀的项目，很多时候都是通过专家评选委员会投票选出来的。评选委员会里的专家大都是业界佼佼者，属于稀缺优质资源，那么，很多时候他们会成为众多项目的争夺对象，抑或是某个项目的主持者。因此，那些参与评优的项目有评委涉及也是在所难免的。那么，如何处理才对参与评优的人是公平的呢？

我要去摘那天上的……

下面是两种常见的处理方式：

方案 1——不回避法：对于某个项目，评委中无论是否有人参与，皆有权投票选择，优秀成果最终按得票数量的多少排序选出。

方案 2——回避法：对于每项成果，将得票中参与的评委数量剔除后，计算每项成果的得票率，再按得票率排队选优。

不回避的做法显然对那些没有评委参与的研究成果的完成者不公平，因为评委对自己参与的成果投赞成票的可能性最大。

但是，我们通常看到的回避的做法就一定公平吗？方案 2 就一定比方案 1 好吗？

　　假设某成果涉及 C 个评委，评委的总数量为 N，则他们回避后该项成果得票数为 $p \leqslant N - C$。并假定如果不回避，这 C 个评委都会给自己参与的项目投票。

　　比较该项目两种计算方法的得票率：

（1）回避得票率：$r_1(p) = \dfrac{p}{N - C}$

（2）不回避得票率：$r_2(p) = \dfrac{p + C}{N}$

作图对比这两种得票率差异程度的直观印象：

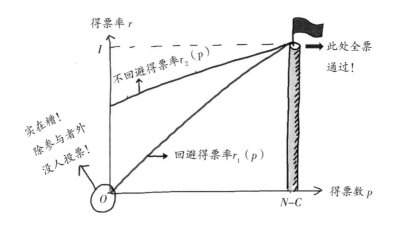

现在从该对比图深入思考其内在可能隐含的问题，亲爱的读者，你发现什么问题了吗？

当让众人去评判某件事情或某个东西的优劣时，人们常有这样

一种共识：如果 100 个人中有 100 个都说好，那一定是好的；可是如果 100 个人中只有 60 个说好，这就是一件仁者见仁，智者见智之事了；当然，如果 100 个人中没有一个说好，那就一定是不好的。

现在继续考虑"回避得票率"与"不回避得票率"这两个公式，从图中可知，除 $p = N - C$ 外，对每个 p，回避得票率 $r_1(p)$ 总是低于不回避得票率 $r_2(p)$，这样就是不正常的了！

可见，应采用折中方案，新的得票率 $q(p)$ 的值应介于回避得票率与不回避得票率之间，其函数值应满足如下条件：

（1）$q(p)$ 是 p 的单调增函数，$0 \leqslant q(p) \leqslant 1$。

（2）当 $0 < p < N - C$ 时，有 $r_1(p) < q(p) < r_2(p)$。这个公式体现了对两种常见方案的折中处理。

（3）对于众人都说不好的或一致认为是好的情形，得票函数应该同时满足 $q(0) = 0$ 及 $q(N - C) = 1$。

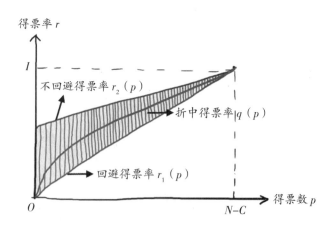

构造满足上述三个条件的函数方法有很多种，平均值法是一种常见方法，此问题中几何平均值能同时满足三个条件，于是可以定

义下面这个既简单实用又公平的度量函数: $q(p) = \sqrt{r_1(p)r_2(p)} = \sqrt{\dfrac{p(p+C)}{N(N-C)}}$

假定现在有一组由 13 人（即 $N=13$）组成的评选委员会，每个评委需在 20 个项目中选出 6 项作为优秀项目，对评优项目进行投票后，应用上述三种方法进行评优排名，得票率及相应排序结果如下表所示：

项目名称	得票数 p	涉及数 C	回避法		不回避法		折中法（新）	
			得票率	排序	得票率	排序	得票率	排序
X01	5	3	0.50	3	0.62	3	0.55	3
X02	9	2	0.82	2	0.85	2	0.83	2
X03	5	3	0.50	3	0.62	3	0.55	3
X04	4	1	0.33	10	0.38	10	0.36	10
X05	3	0	0.23	14	0.23	14	0.23	14
X06	8	4	0.89	1	0.92	1	0.91	1
X07	3	1	0.25	12	0.31	12	0.28	12
X08	5	2	0.45	5	0.54	5	0.49	5
X09	3	0	0.23	14	0.23	14	0.23	14
X10	2	1	0.17	17	0.23	14	0.20	17
X11	4	2	0.36	7	0.46	7	0.41	7
X12	5	2	0.45	5	0.54	5	0.49	5
X13	2	1	0.17	17	0.23	14	0.20	17
X14	3	1	0.25	12	0.31	12	0.28	12
X15	4	2	0.36	7	0.46	7	0.41	7
X16	1	0	0.08	20	0.08	20	0.08	20

（续上表）

项目 名称	得票 数 p	涉及 数 C	回避法		不回避法		折中法（新）	
			得票率	排序	得票率	排序	得票率	排序
X17	3	0	0.23	14	0.23	14	0.23	14
X18	3	2	0.27	11	0.38	10	0.32	11
X19	4	2	0.36	7	0.46	7	0.41	7
X20	2	0	0.15	19	0.15	19	0.15	19

整理一下计算结果，用这三种方法算出来的前 6 名及最后一名的结果如下表所示：

方法	第1名	第2名	第3名	第4名	第5名	第6名	最后一名
回避法	X06	X02	X01 X03	X08 X12	X11 X15 X19	X04	X16
不回避法	X06	X02	X01 X03	X08 X12	X11 X15 X19	X04 X18	X16
折中法	X06	X02	X01 X03	X08 X12	X11 X15 X19	X04	X16
结果	意见一致					有争议	意见一致

在此例中，三种方法的计算结果表明，前 5 名的计算结果一致，但存在某些项目用上述三种方法计算排名不一致的情况，看来评优中的排名争论仍将继续。

13 权力也可以计算！

权力与权欲是生物的本性之一。权力出现于群居动物中，群体中个体在对资源和利益争夺的竞争过程中，有意无意地会依据自身状况确立自己在群体中的位置。在权力的分配中，位置高低与利益的获取之间有紧密关联，由于生物群体中个体依据不同地位获取不同的利益，于是一大批的生物个体就产生了权欲。例如，在一些动物群体中，头领享受种种特权，如具有取得享用食物和交配的优先权。

随着人类文明的日益发展，在许多方面权力的体现方式不再单一，常常会形成一种权力间相互制衡的组织结构。但是，对于人而言，作为生物属性的权欲不一定会减少。因此，在很多问题上，人会通过强大的脑力活动默默计算自己的权力大小。

可是，权力大小真的可以用数学公式计算出一个精准数字吗？这个问题有点抽象。现在我们就决策权力的大小作探索性计算。

以股权制为例，在公司群决策的过程中，对于最后决策结果的形成，拥有不同股权数的每个决策者的作用是不尽相同的，但当某个股东拥有该公司50%以上比如51%的股权时，他实际上已经控制该公司了，可见，拥有51%股权的人并不意味着他只有51%的权力。而另外一个股东拥有该公司其余49%的股权，但其权力却是零。因此，对于加权制的投票选举，加权数与权力之间有某种正相关关系，却没有线性关系。

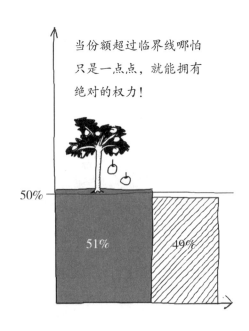

当份额超过临界线哪怕只是一点点，就能拥有绝对的权力！

50%

51%   49%

现在，不考虑某个股东有绝对表决权（如股份超过50%）的情况，通过一个权力指数的测度公式来计算决策者的权力。假定康康公司有老甲、老乙、老丙、老丁和老戊五个股东，遵循"一股一票"的决策原则。

他们的股份分别为：老甲占36股，老乙占16股，老丙占16股，老丁占16股，老戊占16股。

如前所述，按老甲在公司中所占股份的百分比，他对公司决策的权力不一定是36%。

公司在做出重大决策的时候，需要按股权进行投票表决。虽然大老板老甲所占股份比例为36%，单独一个人的态度还不足以达到绝对的表决权，但是，老甲只要联合其余四个小股东中的任意一个，表决权便可达到52%，而其余四个小股东则需要联合起来才能达到超过半数的表决权。

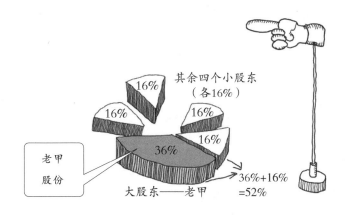

大股东的态度对决策的影响是显而易见的，那么，大股东老甲的权力有多大？他对决策的影响力具体又是多少呢？现通过以下各种假设的场景来分析。

假若某个股东暂时不在场，由其余的四个股东对这项议案进行初步的表决，例如，会议途中老甲突然急着要去上厕所，趁老甲不在现场，其余的股东老乙、老丙、老丁和老戊私下先达成了某种协议，这个初步的表决结果就称为预决策。

大股东老甲

如果在预决策过程中，赞成票持股者的总和或者反对票持股者的总和所占比例已经超过 50% 的话，无须再征求当时暂不在场的股东的意见便可执行预决策。

但如果预决策中赞成票持股者的总和或者是反对票持股者的总和所占比例没有达到 50% 的话，就必须征求暂不在场的股东的意见才能形成最后的决议。例如，如果老乙、老丙和老丁结成同盟达成某个协议，但老戊不同意，此时暂不在场的股东老甲的态度就决定着议案的取舍。

现将能够否定预决策的能力称为权力指数。

大股东老甲

　　基于以上的分析，现在开始计算老甲的权力指数。

　　当老甲暂不在场时，对于老乙、老丙、老丁和老戊的投票结果所有预决策组合方式有 $2^4 = 16$ 种情况。对于这 16 种情况，只有当这四个股东对该项决策投票意见一致时，表决权的比例达到 64%，老甲对此情况没有否定的权力。而在预决策组合中，只要其中有至少一个股东与其他股东意见不一致，议案能否通过就完全由老甲的态度决定了。

　　以下是所有预决策中老甲的权力情况：

老甲的否定权	老乙、老丙、老丁和老戊投票组合方案
无	都同意：(16, 16, 16, 16) 都不同意：(0, 0, 0, 0)
有	(16, 16, 16, 0)　　(16, 16, 0, 16) (16, 0, 16, 16)　　(0, 16, 16, 16) (16, 16, 0, 0)　　(16, 0, 16, 0) (0, 16, 16, 0)　　(16, 0, 0, 16) (0, 16, 0, 16)　　(0, 0, 16, 16) (16, 0, 0, 0)　　(0, 16, 0, 0) (0, 0, 16, 0)　　(0, 0, 0, 16)

由于老甲对 14 种预决策方案具备否定的权力，此时可定义老甲的权力指数为 14。

同理，可计算老乙的权力指数。

不过老乙推翻预决策的权力却是微弱的！具体地说，在预决策中只有当老丙、老丁和老戊同时联合起来和老甲对着干时，此时的老乙才具有否定预决策的权力。因此，老乙可以否定的预案组合是：

（1）老甲同意，但老丙、老丁和老戊同时投反对票；

（2）老甲反对，但老丙、老丁和老戊同时投同意票。

大股东老甲

可见,老乙的权力指数是2。

同样地,老丙、老丁和老戊的权力指数也都是2。

通过计算可知,老甲、老乙、老丙、老丁和老戊的权力指数分别是14、2、2、2和2。老甲虽然只占36%的股份,但在决策上却拥有 $\frac{14}{14+2+2+2+2} \approx 63.636\%$ 的权力,由此可见,大股东老甲的好恶很大程度上会决定决策的取向。

虽然我只有 36% 的股份，但有 63.636% 的话语权！公司的发展还是要靠我指引呀！
要低调，低调！

股份与权力一览表

股东	股份 (%)	权力指数	权力百分比 (%)
老甲	36	14	**63.636**
老乙	16	2	9.091
老丙	16	2	9.091
老丁	16	2	9.091
老戊	16	2	9.091

唯有积分不可辜负

不少初学积分的人对换元法、分部积分法等方法的应用学得很辛苦。免不了有人嘀咕：学这么费劲的东西有啥用？可以浇花吗？

哈！真的可以用于浇花呢！例如，有一个人喜欢养花草，但她经常忘了浇水，于是开动脑筋想，为什么不在花盆上架上一个滴水的容器呢？于是她做了一个半球容器，并在底部开了一个小孔来滴水浇花。

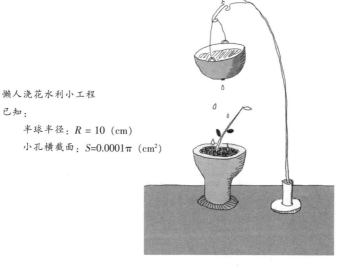

懒人浇花水利小工程

已知：

半球半径：$R = 10$ （cm）

小孔横截面：$S=0.0001\pi$ （cm²）

一个半径为 0.01 厘米的小孔够小了吧？这个底部有孔的半径为 10 厘米的半球，应该可以漏几天水了吧？她这么想。

可是，做事千万不要想当然，算准确点会让人更放心！

对这个底部有孔的半球，其流水规律在水力学上早有定论，直接拿来应用即可。

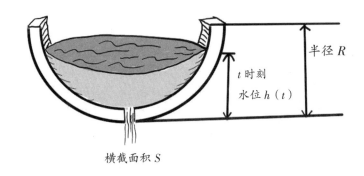

横截面积 S

对于底部小孔横截面积为 S 和半径为 R 的半球，其 t 时刻水位 $h(t)$ 的变化方程如下：

$$\frac{\mathrm{d}h}{\mathrm{d}t} = -\frac{0.62S\sqrt{2g}}{\pi\sqrt{h}(2R-h)}$$

将本例中的 $R = 10(\mathrm{cm})$，$S = 0.0001\pi(\mathrm{cm}^2)$，及 $g = 980.665(\mathrm{cm/s}^2)$ 代入，则有：

$$\frac{\mathrm{d}h}{\mathrm{d}t} \approx -\frac{0.002746}{\sqrt{h}(20-h)}$$

对于这个方程，要是能把它的解求出来就好了！留意到上述方程的右端只含变量 h，如果将方程左右两端同时取倒数，即

$$\frac{\mathrm{d}t}{\mathrm{d}h} = -\frac{\sqrt{h}(20-h)}{0.002746}$$，求这个方程的解就会变得非常容易！

用一下积分工具，便可得到 $t(h)$ 的解：

$$t(h) = -\int \frac{\sqrt{h}(20-h)}{0.002746}\mathrm{d}h = -4855.5h^{\frac{3}{2}} + 145.67h^{\frac{5}{2}} + C$$

关于参数 C 的计算，注意到 $t(10) = 0$，可见 $C = 107479$。

现在来算一下半球中的水流光需要多长时间。此时 $h=0$，代入 $t(h)$ 中，可见流光时间为：

107479（秒）

≈ 1791（分）

≈ 29.85（小时）

不算不知道，真是孔虽小，而流水无情！半球里的水才一天多的时间就流光了！

看来，如果想让这个小水利工程中的半球坚持滴上 3 天的水，

需用多大半径的球或多小面积的孔，仍需重新努力计算一番！

因为 $\dfrac{\mathrm{d}t}{\mathrm{d}h} = -\dfrac{\sqrt{h}(2R-h)}{0.002746}$

所以 $t = -485.55Rh^{\frac{3}{2}} + 145.67h^{\frac{5}{2}} + C$

另外 $t(R) = 0 \Rightarrow C \Rightarrow 339.88R^{\frac{5}{2}}$

如果流 3 天，即 259200 秒

则 $259200 = 339.88R^{\frac{5}{2}}$

$\Rightarrow R = 14.2208$

为了半球的水能滴上 3 天，还要再苦苦计算一番！

15　为什么总是觉得想找的东西找不着？

　　试过翻箱倒柜找东西的烦恼吗？你深信不疑放在抽屉里的东西，从抽屉找到柜子，从柜子到架子，从架子到箱子，从箱子到床底，在所有你能想到的地方翻找，却总是没有它们的踪影。常常是在筋疲力尽之时，抬头一看，那东西就在离你不足一尺远的茶几上。

　　为什么经常会有东西越找越找不到的感觉？这种感觉是错觉还是有道理的呢？让我们通过这样的一个情景假设来看计算结果。

　　假设一张书桌有 5 个抽屉，分别用数字 1 到 5 编号。每次拿到一份文件后，假定会把这份文件随机放在某一个抽屉中，但事实上由于粗心，会有 1/6 的概率忘了把文件放进抽屉里，而是放到了别的地方。

到底是在哪个抽屉呢？

　　现在，有一份非常重要的文件要找出来。按编号 1 到 5 的顺序依次打开每一个抽屉，直到找到这份文件为止。尽管你很坚定地认为你所找的东西一定在这些抽屉里，但很快你会悲剧地发现，翻遍了所有抽屉都没能找到它。

　　计算下面三个问题，看看你的期待指数变化规律：

　　（1）假如打开了第 1 个抽屉，发现里面没有所要的文件，那么这份文件在其余 4 个抽屉里的概率是多少？

　　（2）假如继续打开第 2 个抽屉，发现里面没有所要的文件，那么这份文件在其余 3 个抽屉里的概率是多少？

（3）假如翻遍了前 4 个抽屉，里面都没有找到所要的文件，那么这份文件在最后第 5 个抽屉里的概率有多大？

现在你来猜一猜，在没有找着文件的前提下，继续往下找的概率值是越来越大还是越来越小？

现在我们用一种非常巧妙的方法来计算上述三个问题的概率。

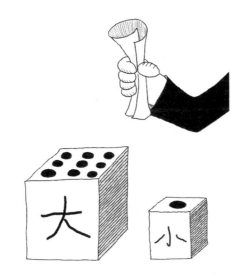

注意到问题假定有 1/6 的概率文件被放到了其他地方，即平均每 6 份文件会有 1 份被搞丢，其余 5 份机会均等地被塞进了这 5 个抽屉。于是，我们可以在已有的 5 个抽屉基础上，增加 1 个虚拟的回收抽屉，这是一个假想的专门用来装那些找不到文件的抽屉。

以下计算过程均假定文件被放入每个抽屉（包括虚拟的回收抽屉）的机会均等。

虚拟了一个回收抽屉！凡是放入这个抽屉的，就是找不着的文件。相当于总共有 6 个抽屉。

现在来计算第一个问题：假如打开了第 1 个抽屉，发现里面没有所要的文件，那么这份文件在其余 4 个抽屉里的概率是多少呢?

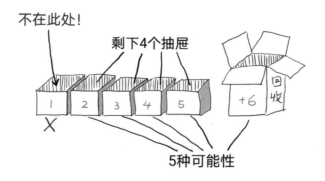

可见，在第 1 个抽屉没有找到文件的条件下，剩下还有 5 种放置文件的可能性，因此，文件被放在其余 4 个抽屉里的概率为 4/5。

对于问题2，继续打开第2个抽屉，发现里面没有所要的文件，对于这份文件在其余3个抽屉里的概率，计算过程与问题1类似，文件被放在这3个抽屉里的概率为3/4。

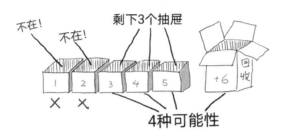

对于第3个问题，由于翻遍了前4个抽屉都没有找到所要的文件，因此，放在第5个抽屉里的概率为1/2。

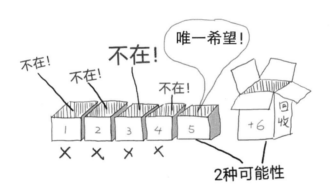

计算结果与你想象中的是一样的吗?

计算结果表明，越往下找，能找着东西的概率值在不断地减小，分别是4/5、3/4和1/2。

如果不按照抽屉的编号次序开始找，而是从任意的抽屉去找，当找不着东西时，能从剩下的抽屉里找到东西的概率和前面的结论是一样的。

16 以理服人的赌局中断赌注合理分配方案

> 生活中最重要的问题，其中绝大多数在实质上只是概率问题！
>
> ——拉普拉斯（1749—1827，法国数学家、物理学家）

说到概率论就不得不联想到赌博，而说到赌博又不得不想到骰子，骰子可谓是游戏中最简单的随机发生器。六个面的立体骰子最早出现在公元前 2000 年的埃及。远古时期的埃及人把纯天然的骨骼进行摩擦后改进成一个粗糙的立方体，并在上面刻上浅浅印迹。为了忘却饥饿的困扰，埃及人发明了掷骰子一起玩"猎犬与胡狼"的游戏，根据掷出的图案按一定规则移动筹码。

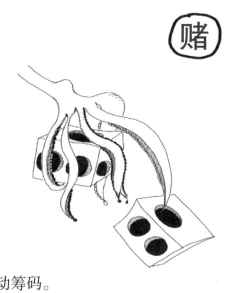

按道理，掷骰子的赌博游戏都玩了几千年，概率论理应早就出现了。但是，概率思想的萌发却是近三四百年的事。对此人们提出

116

了一些解释，如人们总是怀疑骰子可能会被不诚实地造假，因而觉得骰子点数下落的频率不真实。另外，长期以来，人们一直认为好运和噩运都是一种天意，因而感觉随机事件的发生结果与抓阄、数花瓣、占卜和问苍天等都是属于同一种行为，其结果是神决定的！还有，赌博长期以来被视为一种不道德的行为，既然赌博被视为不道德的行为，那么将机会性游戏作为科学研究的对象也就有点不务正业了。

这场约会去还是不去呢？
数数花瓣由天来定吧！

　　随着对赌博过程中经济利益分配精益求精的追逐，这门被拉普拉斯称为"人类知识的最重要的一部分"的概率论学科终于在一次对赌金科学分配计算方法的探索过程中产生了。
　　以下描述赌金分配计算的发展演变历程。

帕西奥尼的比例分金 (1494)

意大利数学家帕西奥尼最早提出了赌金分配的问题，他在《算术、集合、比与比例》一书中叙述了这样一个问题：

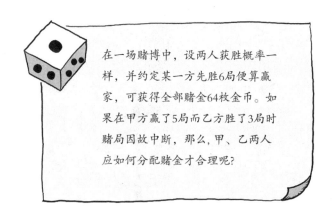

在一场赌博中，设两人获胜概率一样，并约定某一方先胜6局便算赢家，可获得全部赌金64枚金币。如果在甲方赢了5局而乙方胜了3局时赌局因故中断，那么，甲、乙两人应如何分配赌金才合理呢？

对于赌局因故中断的赌资分配，帕西奥尼采用了一种比例方法来进行分配。

帕西奥尼的解答：
Easy! 根据目前各自所赢的局数，甲乙双方按5：3的比例来分。

根据比例法：
甲得40枚金币
乙得24枚金币

但是，许多人认为帕西奥尼按比例分配赌金的方法并不是那么公平合理，因为已胜5局的甲方只要再胜1局就可以拿走全部的赌金，而乙方则需要胜3局，并且接下来的2局必须连胜，这样要困难得多，但是，人们又找不到更好的解决方法。

我只要再赢1局就能赢64枚金币，但现在只分得40枚金币，我不服！

乙

难度系数：
★★★★★
（1）要赢3局。
（2）接下来的2局必须连赢！

甲

难度系数：★
只需再赢1局

我也不服！比赛还没有结束，笑到最后的才是赢家，怎么能够随便乱分金币！

帕斯卡、费尔马、惠更斯概率分金（1654）

到了1654年，法国一个叫德·梅勒（De Mere）的贵族，他聪明绝顶，是一位军人、语言学家、古典学者，头衔很多。他同时也是一个有能力、有经验的赌徒，经常玩骰子和纸牌，常为赌博中眼看自己要赢了却被叫去工作而中断烦恼不已，制订一个对自己有利又科学的赌金分配方案是多么重要啊！但这么深奥的问题令他觉得自己的数学知识很不够用，于是他向当时著名的数学天才帕斯卡（法国，1623—1662）请教赌金该如何合理分配。帕斯卡为解决这一问题，就与当时享有很高声誉的法国数学家费尔马建立了联系，荷兰一位年轻的物理学家惠更斯知道这事后也赶到巴黎参加他们的讨论。这样一来，这三位数学界"大咖"热烈讨论的数学问题顿时成为当时的热点研究问题，使得世界上很多有名的数学家也对概率产生了浓厚的兴趣，从而使得概率论这门学科得到了迅速发展。

德·梅勒的问题

德·梅勒和他的朋友各出 32 枚金币，每人各自选取一个点数进行掷骰子，谁选择的点数首先被掷出 3 次，谁就赢得全部的赌注。游戏开始后，德·梅勒选择的点数"5"出现了两次，而他朋友选择的点数"3"只出现了一次，这时候，德·梅勒由于一件紧急事情必须离开，游戏不得不停止。他们该如何分配桌上 64 枚金币的赌注呢？

如何解决这个问题呢？在解答的过程中，帕斯卡和费尔马一边亲自做赌博实验，一边仔细分析计算赌博中出现的各种问题，经过仔细推敲和衡量，三位数学界大咖各自从不同的角度给出正确的解法，分别是帕斯卡的算术法、费尔马的组合法和惠更斯的数学期望法，并提出了如下重要的思想：

赌徒分得赌注的比例应该等于他们继续赌下去能获胜的概率！

原来是要计算他们获胜的概率呀！我只知道只要计算其中一个人获胜的概率就可以了，可是我不懂怎样去计算！太难了！

德·梅勒的问题中所述的骰子有6个面，两人各自选取一个点数，每掷一次每人赢的概率都是1/6，所以每掷一次，两人不一定立马有输赢结果。

下面我们把这个赌法搞简单点来讨论，假定他们每次每人赢的概率都是1/2，这样便可将德·梅勒的问题简化为帕西奥尼问题。

以下详细地给大家介绍帕斯卡的算术法、费尔马的组合法和惠更斯的数学期望法的计算过程。

1. 帕斯卡的算术法

继续德·梅勒的问题。话说高手对弈，两人各自投放 32 枚金币做赌注，每赢一局得 1 分，谁先得 3 分者为赢，但赌博途中中断。若两人比分相同，则各自拿回自己的赌金。可见，分配出现争议的情形是比分出现不相同的情况。分析现有各种可能性比分（以领先分数者排前，假设获得者为甲）的合理分金方案，如果继续赌下一轮，则各种可能性结果如下：

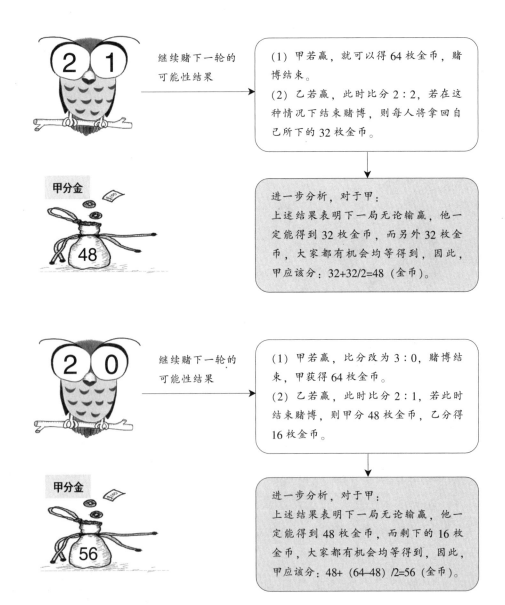

继续赌下一轮的可能性结果

(1) 甲若赢，就可以得 64 枚金币，赌博结束。

(2) 乙若赢，此时比分 2：2，若在这种情况下结束赌博，则每人将拿回自己所下的 32 枚金币。

甲分金

48

进一步分析，对于甲：

上述结果表明下一局无论输赢，他一定能得到 32 枚金币，而另外 32 枚金币，大家都有机会均等得到，因此，甲应该分：32+32/2=48（金币）。

继续赌下一轮的可能性结果

(1) 甲若赢，比分改为 3：0，赌博结束，甲获得 64 枚金币。

(2) 乙若赢，此时比分 2：1，若此时结束赌博，则甲分 48 枚金币，乙分得 16 枚金币。

甲分金

56

进一步分析，对于甲：

上述结果表明下一局无论输赢，他一定能得到 48 枚金币，而剩下的 16 枚金币，大家都有机会均等得到，因此，甲应该分：48+ (64-48) /2=56（金币）。

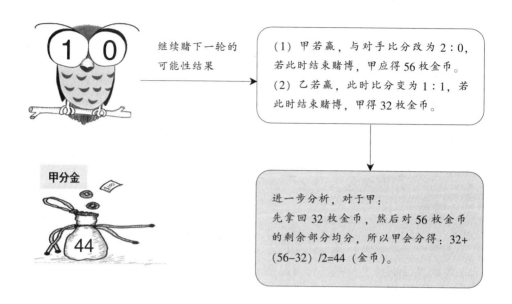

继续赌下一轮的可能性结果

（1）甲若赢，与对手比分改为 2 : 0，若此时结束赌博，甲应得 56 枚金币。

（2）乙若赢，此时比分变为 1 : 1，若此时结束赌博，甲得 32 枚金币。

甲分金

44

进一步分析，对于甲：

先拿回 32 枚金币，然后对 56 枚金币的剩余部分均分，所以甲会分得：32+（56−32）/2=44（金币）。

原来用这么简单的减法就可以分配赌金了！

帕西奥尼的分金问题，这样分配更合理！

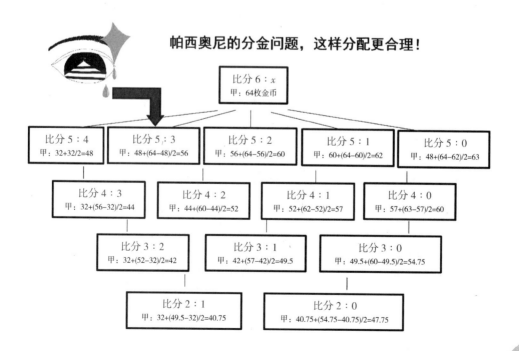

比分 6 : x
甲：64 枚金币

| 比分 5 : 4 甲：32+32/2=48 | 比分 5 : 3 甲：48+(64−48)/2=56 | 比分 5 : 2 甲：56+(64−56)/2=60 | 比分 5 : 1 甲：60+(64−60)/2=62 | 比分 5 : 0 甲：48+(64−62)/2=63 |

比分 4 : 3 甲：32+(56−32)/2=44
比分 4 : 2 甲：44+(60−44)/2=52
比分 4 : 1 甲：52+(62−52)/2=57
比分 4 : 0 甲：57+(63−57)/2=60

比分 3 : 2 甲：32+(52−32)/2=42
比分 3 : 1 甲：42+(57−42)/2=49.5
比分 3 : 0 甲：49.5+(60−49.5)/2=54.75

比分 2 : 1 甲：32+(49.5−32)/2=40.75
比分 2 : 0 甲：40.75+(54.75−40.75)/2=47.75

可见，在比分 5：3 的情况下，甲可分 56 枚金币，这样可分：32 ×2 – 56 = 8（金币）。

2. 费尔马的二项概率公式法

假定甲胜一局的概率为 p（如0.5），则乙胜的概率就为 $1 – p = q$。我们假定各局赌博均互不影响，虽然假设具有一定的主观构造性，但也是合理的假设。

下面以帕西奥尼的分金问题来进行分析。

> 帕西奥尼分金问题：高手对弈，两人各自投放 32 枚金币做赌注，每一轮赌博皆有胜负结果，先赢 6 局者得全部奖金。但甲乙比分在 5：3 的情况下赌博中断，请问如何合理分配赌金？

可见，甲需要再胜 $n = 1$ 局才能赢，而乙需要再胜 $m = 3$ 局才能获得全部赌注。

可见：
第一，赌博最多进行 1+（3–1）=3 场；
第二，甲在这 1+（3–1）=3 场赌博中至少要成功 1 次，且甲获得这 1 次成功的时间必须发生在乙的 3 次成功之前。

甲好险！

若乙又赢！

若乙赢！

如果赌博不中断！

用贝努利二项分布概率公式来计算若继续赌博甲赢的概率，则是：

$$C_3^1 0.50.5^2 + C_3^2 0.5^2 0.5 + C_3^3 0.5^3 = 0.875$$

因此乙赢的概率为 $1 - 0.875 = 0.125$。

可见甲、乙两人应按 $0.875 : 0.125 = 7 : 1$ 的比例来分配 64 枚金币，由此甲应得 56 枚，与帕斯卡算术法的计算结果是一致的。

3. 惠更斯的数学期望法

在概率论中，数学期望是最基本的数字特征值，也是概率论中一个非常重要的概念。而这个概念的首次提出，正是惠更斯在研究分赌金问题时引进的，也使这一问题的研究达到一个新的理论高度。

数学期望是描述随机变量取值的平均水平的一个量，它是随机变量按概率的加权平均值。数学期望并不一定等于常识中的"期望"，期望值与每一个可能的结果不一定相等。虽然数学期望值是随机变量取值的"平均值"，但并不是我们想象中的那种"相加再除以2"的平均值。虽然数学期望值不是平均值，不过大数定理揭示，随着实验的重复次数接近无穷大，数值的算术平均值与期望值近似相等。

惠更斯在他的《论赌博中的计算》一书中详细叙述了他对赌博分金问题的计算过程，他先是建立了一个关于公平赌博值的公理："每个公平博弈的参与者愿意拿出经过计算的公平赌注冒险而不愿拿出更多的数量。即赌徒愿意押的赌注不大于其获得赌金的数学期望数。"

虽然对这一公理至今仍有争议，因为所谓公平赌注的数额并不清楚，它受许多因素的影响。但不妨碍惠更斯对此类问题的讨论。
现在，还是以帕西奥尼的分金问题为例来看看惠更斯的计算结果。
假定甲胜一局的概率 p 为 0.5，同样从一种比较容易处理的情形
出发：

假设两人的比分为 5∶4，如果再赌一局，则对甲而言输赢的结
果只有以下两种：

甲、乙比分在 5∶4 的情况下继续赌一局的结果如下：

结果1：甲赢（比分变为6∶4） 实现概率：0.5 分配奖金：64	结果2：甲输（比分变为5∶5） 实现概率：0.5 分配奖金：32
甲对赌金的数学期望值：$0.5 \times 64 + 0.5 \times 32 = 48$	

假定甲在比分 5∶3 的情况下赛事中断，则：

结果1：甲赢（比分变为6∶3） 实现概率：0.5 分配奖金：64	结果2：甲输（比分变为5∶4） 实现概率：0.5 分配奖金：48
甲对赌金的数学期望值：$0.5 \times 64 + 0.5 \times 48 = 56$	

可见，帕西奥尼的分金问题中，在比分为 5∶3 的情况下，甲应
该分得他的期望值 56 金币。

帕斯卡、费尔马和惠更斯三个人分别给出的解法完整地解决了
"分赌注问题"。此后，惠更斯经过多年的潜心研究，解决了掷骰子
中的一些数学问题。1657 年，他将自己的研究成果写成了专著《论

掷骰子游戏中的计算》，这本书具有划时代意义，标志着概率论这门学科的诞生，也是概率论的第一部系统著作。这本书被认为是关于概率论的最早的论著。因此，可以说概率论的真正创立者是帕斯卡、费尔马和惠更斯。这一时期被称为组合概率时期，可以计算各种古典概率问题。

17 幻想与坚持

在概率统计中，小概率事件是一个非常有意思的话题。在现实生活中，我们常能碰见小概率事件。什么是小概率事件呢？就是指某个事件一次发生的概率非常小。例如，世界末日即将到来、小行星撞地球等一类的事情。研究表明，一般情况下用电脑键盘录入英文时，敲击 Z 键的概率为 0.0001，所以从字母键的敲击上看，它是一个小概率事件。而空格键的敲击概率为 0.2，是大概率事件，可见，空格键设计得很长是有数学道理的。

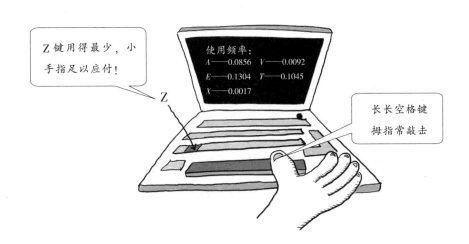

　　说到小概率事件，概率论上有一条与之关联密切的、非常重要的二项概率公式。在概率统计学上，如果每次随机试验的结果只有两种，而且每次试验结果都互不影响，这种实验叫作贝努利重复独立实验。二项概率分布就是由贝努利提出的对贝努利重复独立实验进行的一种概率计算问题。

　　例如，上抛一枚硬币100次，观察每次的结果是正面还是反面，这样的实验就是贝努利实验。在这100次实验中，计算出现36次正面的概率有多大，则可用二项概率公式来计算。

如果重复某种实验，这种实验每次只有两种可能的结果，就是 A 发生或 A 不发生。设 A 发生的概率为 p。下面的公式就是用来计算做了 n 次这种重复独立实验事件 A 发生 k 次的概率：

在抛硬币 100 次的贝努利实验中，每次出现正面的概率是 0.5，出现了 36 次正面的概率则是：

$$C_{100}^{36}\, 0.5^{36}\,(1-0.5)^{100-36}$$

二项概率公式：
$$C_n^k p^k (1-p)^{n-k}$$

　　在日常生活中，小概率事件经常与人们说的抱着侥幸心理做某件事情联系在一起，如购买彩票。不少人购买彩票时都做着中大奖的美梦，但其实中大奖的概率是很小的，小到什么程度呢？现以中国福利彩票双色球为例来说明。

　　中国福利彩票双色球的玩法是：投注者先从33个标有不同号码

的红球中选择 6 个，再从 16 个不同号码的蓝球中选择 1 个组成一注。如果红区 6 个号码和蓝区 1 个号码全中则为一等奖，而红区 6 个号码中，但蓝区 1 个号码不中则为二等奖。

双色球开奖啦！要摇出 6 个红球、1 个蓝球。红球、蓝球的数字都猜中的是一等奖。只猜中红球数字，但蓝球号码猜错的是二等奖。

　　在双色球的中奖金额中，一等奖与二等奖的奖金具有浮动性，三、四、五和六等奖是固定奖项。虽然每期双色球开出的一等奖和二等奖的巨额奖金不定，但从历史数据来看，一等奖的奖金额常常过百万。因此，相对于加起来才 3215 元的三至六等奖金额而言，无论是得一等奖还是二等奖都可视作中了大奖。

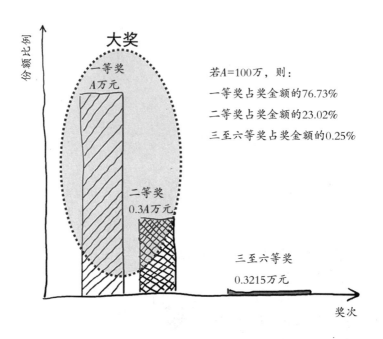

若A=100万，则：
一等奖占奖金额的76.73%
二等奖占奖金额的23.02%
三至六等奖占奖金额的0.25%

现在计算一下双色球中大奖的概率为多少，通过排列组合的知识，可计算出 33 个红球选 6 个以及 16 个蓝球选 1 个的取法。

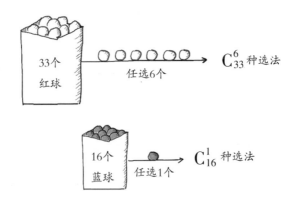

由于一等奖的选法要求红色和蓝色的数字都正确，故其概率为

$$\frac{1}{C_{33}^6\, C_{16}^1} = \frac{1}{17721088} \approx 0.000000056$$，大概为 1772 万分之一。

而二等奖只要求红色球的数字正确而不要求蓝色球的数字相同，可见二等奖的选号方法只有 15 种，故二等奖的概率是 $\dfrac{15}{C_{33}^6\, C_{16}^1} =$

$\dfrac{15}{17721088} \approx \dfrac{1}{118.14 \times 10^4} \approx 0.000000846$，大概为 118 万分之一。

天呀！投一注彩票中大奖的概率才 9.02×10^{-7}，即 110 万分之一！这是一个什么概念呢？

每年我国被雷劈死的人数在 3000~4000 范围内，2020 年第七次全国人口普查结果为 1370536875 人，可见被雷劈死的概率不超过 34.263 万分之一。被雷劈死的概率也比中大奖的概率高 3 倍多！

小行星撞击地球的概率保守推测是 200 万分之一，可见，如果梦想中一等奖，其难度比地球被撞还要大！

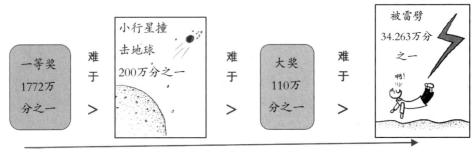

难度系数由强至弱

虽然明知中大奖很难，但从双色球每月销售额常常破亿来看，还是有很多乐此不疲买彩票的人。对于购买彩票者的心理，除了是满足某种娱乐消遣的精神生活外，也有人把彩票当作发横财的很好途径，或者是投资的一种方式。很多购买彩票的人可能做着这样的梦：大奖离自己并不遥远，买一张彩票也仅仅花 2 元钱，只要坚持购买，总有一天会中大奖的。

正如前文所述，无论中一等奖还是二等奖，都将是一个非常小

概率的事件，那么现在的问题是：持之以恒买彩票，终有一天能中大奖吗？

由于彩票中与不中是一个二项选择，故可用二项概率公式来计算一下是否坚持就一定能中大奖这个问题。

现假定这个人每次只购买一张彩票，这张彩票中大奖（指一等奖或二等奖）的概率是 $p = 9.02 \times 10^{-7}$，计算的问题是需购买多少次彩票，使得至少中一次大奖的概率达到99%。

从这个问题的对立问题考虑入手，即需购买 n 次彩票，使得中大奖一次都没有发生的概率为1%。

因此有：$C_n^0 p^0 (1 - p)^n = (1 - p)^n = 1\%$

可见：$n = \dfrac{\ln(1\%)}{\ln(1 - p)} \approx 5.1005 \times 10^6$

如果坚持每一期买一张彩票，目前双色球一个星期开3次，一年大约有52个星期，他一年买156张彩票，则需要坚持3.27万年才能以99%的概率中大奖的！是的，三万年不长，可是有些努力，拼尽了全力，却拼不过时间！

　　对于刚才的计算结果，可能有人会不以为然地认为每次只买一张彩票太少了，如果多买几张，中奖的概率就会翻倍，有生之年中大奖的日子也就指日可待了。结果有没有这么乐观呢？继续深入计算便知。

　　首先来解决这样一个问题：如果买一张彩票中大奖的概率是 p，那么买 n 张彩票至少有一张中大奖的概率是否就能翻倍呢？

问：如果买 1 张彩票中大奖的概率为 p，那么买 3 张彩票中大奖的概率是否就是 $3p$？

答：公式推导会告诉你答案……

　　计算每次购买的 n 张彩票中，至少有 1 张中大奖的概率 p_n，仍可应用二项概率公式：

$$p_n = 1 - C_n^0 p^0 (1 - p)^n = 1 - (1 - p)^n$$

　　可见，当购买一张彩票中大奖的概率 $p = 9.02 \times 10^{-7}$ 时，购买 3 张彩票中大奖的概率就是 27.06×10^{-7}。

　　但是，如果这个人一次购买了 100 张彩票，但他身边又没有电脑、计算器等现代工具帮他计算的话，草稿纸上手工计算 $1 - (1 - p)^{100}$ 就显得工作量很庞大了。幸好数学中还有一条泰勒展开式，可帮助他简化计算并得到精度高的计算结果。

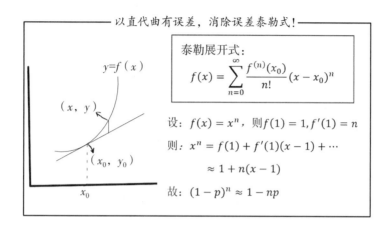

当 p 非常小时，确有 $p_n = 1 - (1 - p)^n \approx np$ ，即若买一张彩票中大奖的概率是 p ，则买 n 张彩票中大奖的概率近似等于 np。

由于购买一张双色球彩票中大奖的概率是 9.02×10^{-7}，故同期买 100 张彩票中大奖的概率大约是 9.02×10^{-5}。

接下来要解决的问题是如果想在 10 年内中大奖，则每期应该买几张彩票？为此还必须考虑 10 年的总投入有多大。

假定希望在 10 年内至少有一次中大奖的概率达到 $x\%$，双色球一个星期开 3 次，一年仍以 52 个星期来计算，则这 10 年内他购买彩票的次数达 1564 次。若这个人每次购买 n 张彩票，则有：

$1 - (1 - n \times 9.02 \times 10^{-7})^{1564} = x\%$ ，即 $n = \dfrac{1 - e^{\frac{\ln\left(1-\frac{x}{100}\right)}{1564}}}{9.02} \times 10^7$。由于

购买一张彩票的价格是 2 元，则 10 年间的投入成本是 $2 \times 1564 \times n = 3128n$。

由于双色球一等奖与二等奖奖金的浮动性，对从中国福彩网收集到的近 100 期一等奖与二等奖金额的分布作简单的统计研究，结果表明，用 10 年时间花巨资投资彩票是真不合算！预期所得风险巨大！

大奖投入金额（百万）	≥154	≥203	≥510	≥664	≥1020
比例	100%	100%	98%	67%	0

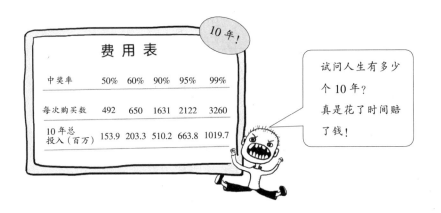

不过有人会说，买彩票只是一项娱乐活动，不要求中高难度的大奖，只要求随便中个奖就行了。现在看一下这个人如果每期只买一张彩票，那么他要坚持购买多久，才使得至少能中一次奖的概率达到 99%。

从百度百科可知，中国福利彩票双色球中奖率是 6.71%。重新计算一下当 $p = 6.71\%$ 时，若每次只买 1 张彩票，需购买多少次彩票，才能使得至少中一次大奖的概率达到 99%，有：

$$n = \frac{\ln(1\%)}{\ln(1 - p)} \approx 66.3022$$

从成本上来看，1 张 2 元的彩票买 67 次需要花费 134 元。而每期的期望奖金又是多少呢？假定一等奖奖金为 x 元，计算过程与结果如下表所示：

奖项	一等奖	二等奖	三等奖	四等奖	五等奖	六等奖
概率（%）	0.0000056	0.0000846	0.000914	0.0434	0.7758	5.889
奖金（元）	x	$0.3x$	3000	200	10	5
每期的期望奖金： $0.01 \times (0.0000056x + 0.3 \times 0.0000846x + 3000 \times 0.000914 + 200 \times 0.0434 + 10 \times 0.7758 + 5 \times 5.889) \approx 0.0000003098x + 0.48625$（元）						

从中国福彩网上近 100 期的数据可知，一等奖金额最低为 502.84 百万元，可见每期的期望收益以大概率超过 2.04404832 元，而每期投入成本为 2 元，计算结果看起来不那么令人沮丧，甚至还带有一丝丝令人振奋的刺激，虽然中大奖难于上青天，但长期买彩票的期望收益将大概率超过 2.202416%。

　　说来说去，还是不要将发大财的梦想寄托在买彩票上，若将努力不懈的恒心与坚持放在正能量的事情上，小概率也能成就大概率！例如，某人做事的成功率只有1%，他重复努力做了400次，他至少可以成功一次的概率是：

$$\sum_{k=1}^{400} C_{400}^k 0.01^k (1-0.01)^{400-k}$$

$$= 1 - C_{400}^0 0.01^0 (1-0.01)^{400}$$

$$\approx 0.9820$$

只要有百分之一的希望，
就要做百分之百的努力！

积流成海

爱因斯坦曾说过："复利"是世界第八大奇迹！

让我们通过一个很出名的故事来体会复利的威力吧！

传说，国王对发明国际象棋的大臣很佩服，问他要什么报酬。

大臣说：请在国际象棋棋盘的第1个棋盘格放1粒米，在第2个棋盘格放2粒米，在第3个棋盘格放4粒米，在第4个棋盘格放8粒米，总之，后一格的数字是前一格的两倍，直到放完所有棋盘格（国际象棋棋盘共有64格）。

国王以为他只是想要一袋米而已，哈哈大笑。

计算结果令人吃惊：要把这棋盘64格放满的话，需要1844亿万粒米。假定1平方厘米的地面可以放10粒米，

小意思！
也就几袋米，我有很多仓库很多米！
尽管去拿吧！

我们的地球大约 5.1 亿平方公里的面积，看来即便给你全世界来铺满米也不够用呀！

虽然第 1 个棋盘格只放 1 粒米，但后一格的数字总是前一格的两倍，围棋总共有 64 格，当放到第 64 格时，此时米粒的颗数就会有 2^{63} 粒，这可是接近 461 亿万吨米的大数目呀！真是不积小流无以成江海呀！

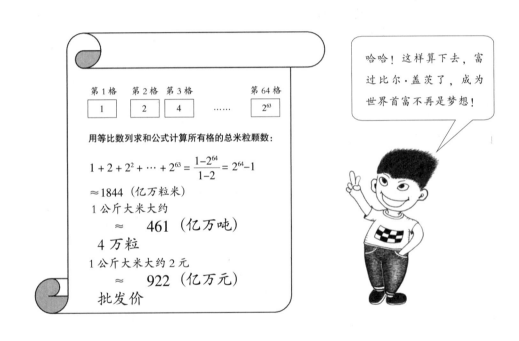

第1格 第2格 第3格　　　第64格

| 1 | 2 | 4 | ...... | 2^{63} |

用等比数列求和公式计算所有格的总米粒颗数：

$$1 + 2 + 2^2 + \cdots + 2^{63} = \frac{1-2^{64}}{1-2} = 2^{64}-1$$

≈ 1844（亿万粒米）

1 公斤大米大约
≈ 461 （亿万吨）
4 万粒

1 公斤大米大约 2 元
≈ 922 （亿万元）
批发价

哈哈！这样算下去，富过比尔·盖茨了，成为世界首富不再是梦想！

这就是复利的威力！

复利是什么？复利是指在计算利息时，某一计息周期的利息是由本金加上先前周期所积累利息总额来计算的计息方式，即通常所说的"利滚利"。

复利计算的特点是把上期末的本利和作为下一期的本金，故在计算时每一期本金的数额是不同的。假定 $y(n)$ 表示第 n 期期末的数额，i 表示利率，则有：

$$\begin{cases} y(n) = y(n-1) + i \times y(n-1) \\ y(0) = y_0 \end{cases}$$

注意这里 $y(n)$ 表示的是第 n 期期末的数额，如果表示的是期初的数额，则公式的初值发生时间的表达需要略作修正。

经过迭代计算后，复利下第 n 期期末的数额 $y(n)$ 计算公式是：

$$y(n) = y_0 \times (1 + i)^n$$

在棋盘放米的故事中，第 1 格放 1 粒米，第 2 格是前一格的 2

倍，可见利率 $i = 1$，以第 1 格所放的数值作为初值，则在第 n 格所放的米粒数就是：

$$y(n - 1) = 1 \times (1 + 1)^{n-1} = 2^{n-1}$$

这样的变化曲线在数学上称为指数增长曲线。在英文中，指数的单词是 power，按这种规律变化的数据一路高歌迅猛增长至无穷，是真正威力无穷的 power（力量）！这就是复利的威力。

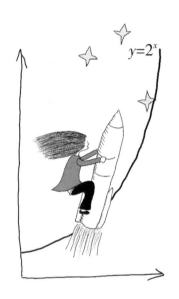

$y = 2^x$

如果你能领会到正指数增长的源泉，便能获得无限的能量！

复利的威力刚刚已经见识了。现在咱们再做一个换钱的游戏吧。
小明和小华玩游戏：

聪明的你，知道在这个游戏里谁亏了吗？亏了多少？

现在我们来计算一下 30 天后小华总共向小明付了多少钱！

小华 30 天的付款总额：
第 1 天　　 1 分
第 2 天　　 2 分
第 3 天　　 2^2 分
……
第 30 天　 2^{29} 分

$1+2+2^2+\cdots+2^{29}$
$=2^{30}-1$（分）
≈ 1073.74（万元）

亏死啦

小明虽然每天要给小华 10 万元，30 天总共支付 300 万元，但到了第 30 天，他却能收到小华的 1073.74 万元。这次交易对小华来说亏大了！

哲学上有"秃头论证"之说，就是头上掉一根头发，很正常；再掉一根，也不用担心；还掉一根，仍旧不必忧虑。长此以往，头发一根一根掉下去，最后秃头出现了。

社会学研究的"稻草原理"，讲的是往一匹健壮的骆驼身上放一根稻草，骆驼毫无反应；再添加一根稻草，骆驼还是丝毫没有感觉；一直往骆驼身上添稻草，当最后一根轻飘飘的稻草放到骆驼身上后，吃苦耐劳的骆驼竟不堪重负瘫倒在地。

可见，压死骆驼的并不是最后一根稻草，而是不易察觉的长期而来的细微积累。但是，从另一面来看，如果没有日复一日年复一年的微小积累，也永远不能达到远方等待的那个目标。

19 学生借贷遇陷阱

在这个充满诱惑的世界里，一些年轻人为追逐时尚满足一时的虚荣心而不顾后果办理了很多网贷和信用卡，由于自身能力有限，他们的收入不足以偿还所欠的债务而陷入"套路贷"的泥潭中。

曾在武汉大学、江汉大学文理学院和武汉职业技术学院等10所大中专院校展开的调查显示，55.6%的大学生有过校园贷款经历。大多数受访的大学生只关注校园贷名义上的日利率而不了解月利率、年利率，也不会去计算背后的实际利率。很多时候，潜在的危害源于对问题认识不足。下面将从与贷款相关的最基本的问题入手，模拟套路贷的演变过程中欠款数额随时间变化的动态发展过程。

校园贷的小广告中通常宣称日利率仅 0.05%，这样的利率是否"不算高"？计算一下就知道了。

利息=本金×利率×时间

日利率：0.05%，周利率：0.05%×7 = 0.35%

月利率：0.05%×30 = 1.5%，年利率：0.05%×360 = 18%

不算不知道，贷款平台广告通常宣称的 0.05% 低日利率，实际上年利率达 18%！对比央行贷款（一年内）基准年利率，以 2020 年 1 月公布的数据为例，是 4.35%，校园贷年利率实则高得吓人。

一旦借款利率超过国家规定的最高年利率，则更需要懂得用法律来保护自己。法律规定：双方约定的利率不能超过合同成立时一年期贷款市场报价利率四倍。以 2020 年 8 月 20 日为例，当天的一年期市场报价利率是 3.85%，按法律规定，则民间借贷利率司法保护的上限为年利率 15.4%。

当你被校园贷套路贷套上，寻求法律支持的时候，下面这几个问题你会计算吗？

问题一：你会计算实际年利率吗？

例如，小文在某借贷平台上借了17000元，分24期还款，每月采用等额本息的方式还916.7元，请问实际年利率是多少？

根据利息的基本计算公式：年利息＝本金×年利率，本例中年利息是916.7×12－17000/2＝2500.4，本金：17000/2＝8500。

可见年利率为：2500.4/8500≈0.29。借款17000元每月分摊金额916.7元看上去似乎没那么夸张，但是，经过精密的科学计算后，发现年利率高达近30%。

问题二：借款利息可以预先在本金中扣除吗？

例如，小文在某网站申请25000元贷款，但该网站最终给出的结果则是实际到账资金21500元，即付了3500元的"砍头息"。借贷者按2年时间分24期还款，每个月等额本息还款金额为1736.19元，此时是按照合同借款金额25000元为本金来计算利息，还是应该以实际发放的借款金额21500元为本金来计算利息？小文在该网站借款的实际年利率为多少？

这样的借款，本金应为25000元，还是21500元呢？

在本例中，应该以实际发放的借款金额 21500 元为本金来计算利息。

由于在该网站两年时间投入的本金是 21500 元，所收利息为 1736.19 × 24 − 21500 = 20168.56 元，故 2 年期利率为 20168.56/21500 ≈ 94%，因此，这个网站放贷的实际年利率是：94%/2 = 47%。根据计算结果，这个网站年利率高达 47%，确定无疑是一种高利贷的放贷行为。

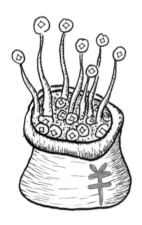

《中华人民共和国民法典》第六百七十条：借款的利息不得预先在本金中扣除。利息预先在本金中扣除的，应当按照实际借款数额返还借款并计算利息。

问题三：在等额本息的条件下，当日利率为 r 时，若借款本金为 P，按周（或者月）还 N 期，则每期等额还本付息额是如何计算的？

现以周为期还款为例，由于日利率为 r，则周利率为 $R = 7r$，每期计息一次，每期还款 x 元，欠款数与利息的动态变化过程如下：

期数	期间利息	所欠数额
1	PR	$(P + PR) - x$
2	$[(P + PR) - x]R$	$[(P + PR) - x] \times (1 + R) - x$ $= P(1 + R)^2 - x[1 + (1 + R)]$
3	$PR(1 + R)^2 - xR[1 + (1 + R)]$	$P(1 + R)^3 - x[1 + (1 + R) + (1 + R)^2]$
......		

第 N 期所欠数额：

$$P(1 + R)^N - x[1 + (1 + R) + (1 + R)^{N-1}] = P(1 + R)^N - x\frac{(1 + R)^N - 1}{R}$$

由于到第 N 期时还清，即第 N 期的所欠数额为 0，可见每期的还款额 x 的计算公式如下：

$$x = P \times \frac{R \times (1 + R)^N}{(1 + R)^N - 1}$$

举例看看公式的应用。小文需要钱买一台 iPad Pro，她看到某网站贷款日利率为 0.06%，于是就与该平台签订合同借款 10000 元，借款期 1 年，分 12 期采用等额本息的方式还款。小文每个月每期还款额计算如下：

由于日利率为 0.06%，则月利率为 $30 \times 0.06\% = 1.8\%$，每个月的还款额计算如下：

$$10000 \times \frac{0.018 \times (1 + 0.018)^{12}}{(1 + 0.018)^{12} - 1} \approx 934 \text{（元）}$$

她所支付的利息则是：$12 \times 934 - 10000 = 1208$（元）。

再看一个例子，小李借了一笔月利率为 0.4% 的款 100000 元，采用等额本息的方式计划 5 年分 60 期还清，则每个月他的还款额如下：

$$100000 \times \frac{0.004 \times (1+0.004)^{60}}{(1+0.004)^{60}-1} \approx 1877.97 \text{（元）}$$

可见，小李 5 年借 10 万元所支付的利息为 12678.2 元。

大量数据表明，大学生对借贷风险认识不足，抱有一种"我有一个聪明脑，可以拆东墙补西墙"的想法。当偿还遇到困难时，许多学生选择"借新贷还旧贷"。

咱们来模拟一下借新还旧的成本与风险到底有多大！

小文想换新手机，于是向某贷款平台借了 4000 元。

我们都是专业的借款公司，专门帮助那些急需用钱的人！不要怀疑我们的算术能力！

借

借 4000 元

扣手续费 400 元

周利率 2.5%

每周还 558 元

8 周还清

逾期每天罚息利率 3%

我不笨的，我会计算。一个星期还 558 元，一个月才还 2232 元，父母每个月给我 3000 元生活费，这两个月我就节俭一点，一个月七八百元的生活费也够用了，熬一熬就过去了。

但小文父母给她的生活费是按月份在月底给的，也许还没有等到家里生活费打过来她就要还款了。而当她一心想买一台最新款的苹果手机时，以为自己可以忍受一段只需填饱肚子就不再有其他开销的日子。可一旦想要的东西到手，却又发现自己不能忍受没有钱花的日子。但口袋中已没有多少钱了，又不敢找家里人要，怎么办好呢？

还有很多要花钱的事呀！买 iPad 要钱！买衣服要钱！参加聚会要钱！没有余钱了，怎么办？！

难不倒我！我再去借钱，把这一期还了再说，等到月底爸妈给的钱一到账，就可以把所欠的钱都还清了！

为了给自己留出更多的现金开销，小文于是向另一家校园贷平台求助借钱来支付第一家平台的第 1 期还款。但所有的平台周利率为 2.5%，都会收取 10% 的手续费，而本金却按借出的金额进行计息。为了还第一家平台第 1 期的 558 元贷款，小文借了第二家平台 620 元，约定分 3 周还清借款。

后来，小文继续向第 3 家校园贷平台贷款，用于支付第一家和第二家平台的当期还款费用。

随着周数的推移，小文继续向第 4 家校园贷平台贷款，用于支付第一家、第二家和第三家平台当期还款费用。我们来看看小文的借贷链！

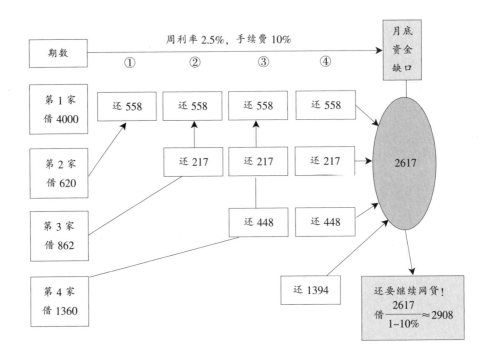

借新还旧虽然解决了眼前的还款问题，但是"出来混迟早是要还的"！父母月底给小文的生活费 3000 元，如果全部用于还欠款，就所剩无几了！

天呀！月底资金缺口高达 2617 元！如果将爸妈给的 3000 元生活费用于还债，就只剩下不足 400 元的生活费了！怎么熬呀！还得继续借！真是悔不当初！

为了生存，小文身不由己开启了更多的借贷！

假定小文在第一个月月底又到第 5 家网贷公司借钱 2908 元，还清了所有网贷公司第一个月最后一期的欠款，但同时需要在接下来的第二个月分 4 期每周付款 773 元来还清第 5 家的欠款。在这个月的时间里，小文依然重复着上一个月的借款轨迹。我们来计算一下到第二个月月底的最后一周，她所需要的还款金额：

第 2 个月第 4 周欠款

第 1 家：558

第 5 家：773

第 6 家：$\left(\dfrac{558+773}{0.9}\right)\times\dfrac{0.025\times1.025^3}{1.025^3-1}\approx518$

第 7 家：$\left(\dfrac{558+773+518}{0.9}\right)\times\dfrac{0.025\times1.025^2}{1.025^2-1}\approx1066$

第 8 家：$1.025\times\dfrac{558+773+518+1066}{0.9}\approx3320$

月底资金缺口：6235 元

此时的小文真是走入绝境了，父母给的 3000 元生活费根本不够还！而最惨的是，也许当你只剩下 500 元的欠款时，网贷公司忽然失联了，但半年后却向你索要一笔欠账费：

$$500 \times （1+3\%）^{180} \approx 102251.68$$

数学可以帮助我们择偶吗？

这世上最令人头疼的事是什么事呢？可能就是下面这种因多角关系发生的故事了！

小甲爱上了小乙，小丙爱上了小甲，不过，甲妈最喜欢的却是小丁！

谁才是小甲的最佳配偶呢？咱们从婚配最基本步骤开始探讨。

婚恋第一步——找对象

找对象是婚恋过程的第一步，可以是本人爱慕的对象，也可以是爱慕你的对象，抑或是爸爸妈妈、爷爷奶奶、同事同学、三姑六婆介绍的对象，"对象候选人"集合由此建立。

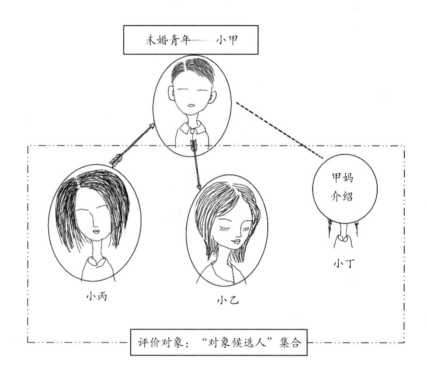

婚恋第二步——选择

（1）评价指标之建立。

俗话说男大当婚，女大当嫁，作为人类在青春年少时由于较高的荷尔蒙作用，在寻觅未来的伴侣时很多时候是靠一种直觉进行指引。

但经历生活磨炼、思想较为成熟的父母则常以过来人的姿态参与到后代的婚配选择中，他们更多考虑的是什么样的女子才是自家儿子的最合适结婚对象。

甲爸一边观察一边合计，选谁好呢？选儿媳，这可是需要全方位综合考虑的大事！但这世上没有完美无缺的人！例如，小乙长得漂亮身材好，但好像比较任性；小丙不算出众但也养眼，其他各方面条件都中规中矩；小丁虽然长相一般但性格温柔，家庭条件按世俗的眼光来看相当不错。

于是，甲爸想到了单位评优考核方法。列些指标给这三位姑娘打分，立马就能一决高低，选出最佳儿媳妇。

既然要进行评价，则需要对评价指标进行选择。那么，该如何科学地选择指标呢？我们经常被考核的那些评价体系里面的指标，是凭空捏造出来的还是通过什么科学方法创造出来的？

在评价方法的研究上，关于评价指标的建立方法，从大类上来分只有两种，分别是经验法及不完全经验法。

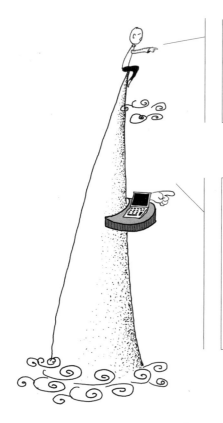

凭经验！实施手段如下：

（1）自己确定指标体系。

（2）座谈会讨论。

（3）填写调查表。

（4）查阅文献资料并分析优选。

点评：此法操作难度不大，但主观性强。

采用数理统计方法对所有可能的影响因子进行分析与挑选：

（1）单因素分析法。

（2）多元相关分析法。

（3）多元回归分析法。

（4）逐步回归法。

（5）岭回归法。

（6）指标聚类法。

点评：此法需要具备更多的数理专业知识。

　　为儿子建立一个对象选择评价系统，基于自己对婚姻、家庭、社会等方面的深刻认识，甲爸认为用经验法建立指标体系是靠得住的，他一口气列了几项指标，并对指标确定了权重。

虽说甲爸是一家之主，但提案是否生效还得经甲妈过目首肯。

甲妈对甲爸的方案不满意，她认为甲爸考虑问题不够全面。为此，甲妈绞尽脑汁度过三个不眠之夜后，对甲爸的指标体系增加了更为丰富的内容。

甲妈出手，

果然不同凡响！

我的要求不多，也就列了 30 条而已！

考核指标：

性格

健康

女方妈妈性格

女方爸爸性格

城市还是乡下

学历

身高

有无恋爱史

……

甲妈虽然考虑周全地罗列了她能想到的所有项目，但在实际的综合评价活动中，评价指标并非越多越好。

选择指标很有讲究！一是注重单个指标的代表意义，二是注重指标体系的内部结构。理想的指标体系既要满足代表性，又能满足全面性。既没有信息重叠，也没有信息遗漏，成为多维空间上相互独立的多维随机变量。但这在现实中几乎不可能实现。这是因为指标体系中指标个数越多，指标间产生信息重叠的可能性就越大，重叠的程度就有可能越高。

虽然增加指标个数可以带来全面性的提高，但要冒代表性降低的风险；减少指标个数可减少独立性降低的风险，但会影响指标体系的全面性。如何建立代表性和全面性完美结合的指标体系，虽然不少学者专家采用聚类法、相关系数法和条件广义最小方差法等方法，但目前仍无有效方法。

虽然甲妈考虑周全、事无巨细，罗列了很多指标，但面广而无层次，信息重叠严重，可操作性差。事实上，甲妈早已"昏倒"在制定各项指标权重的路上。

甲妈考核体系缺点：
指标多有重叠、无层次！

甲妈不得已采用民主集中制的原则与甲爸又做了三天三夜的深入探讨，决定将指标分解成不同的类别，建立一个对因素间的相互关联以及隶属关系形成不同层次的聚集组合的多层次结构图。

选对象指标体系
层次结构图

（2）评价指标权重之确定。

指标体系建立后，下一步评估模型的工作则需考虑各个评价指标在评价模型中的权重问题。

权重确定的方法有两种：主观定权法和客观定权法。

但无论哪一种方法所定权重的分配，定权都带有一定的主观性，有相对合理的一面，也有局限的一面，因而用不同方法确定的权重有出现不一致的可能性，最终可能导致评价结果的不确定性。故在实际工作中，应尽量依赖较为合理的专业解释。在实际操作上，专家评估方法中的直接评分法和成对比较法更易被普通大众接受。

专家评分法是一种依靠有关专家在其领域内的理论知识和丰富经验，以打分形式对各评价指标的相对重要性进行评估，然后借助统计手段，以确定各评价因子权重大小的方法。

所谓专家，应该是在自己所擅长的领域很少犯错误的专门人才。在挑选专家过程中，不仅要选具有一定名望的本学科专家，有时还会选有关边缘学科的专家。另外，专家组成员要有多少个人才合适呢？

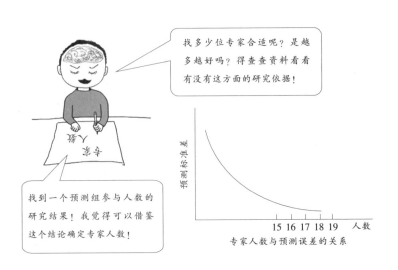

关于预测精度与人数关系的研究表明，预测精度随着人数增加而提高，但当人数接近 15 时，进一步增加专家人数对预测精度影响不大。若以此结论确定评估专家人数，应以 10～15 为宜。

甲爸甲妈决定成立"小甲婚姻研究委员会"，召集家庭主要成员组成专家组开会讨论。除甲爸甲妈外，这个班子的成员有甲大伯、甲小叔、甲舅舅、甲姨妈、甲小姑等家族主要成员。

权重确定方法 1——专家评分法

专家进行评分的方式，可以是专家的个人判断，也可以是专家会议，甚至还可以是"头脑风暴"等方式。

计算评价指标的权重

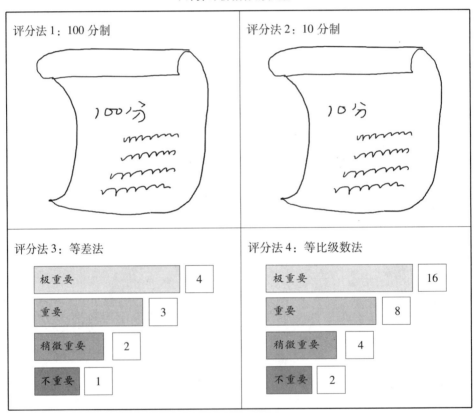

计算评价指标的权重

（1）无权威的指标权重计算：对指标得分取平均分后，经归一化处理得到权重分配。

（2）有权威的指标权重计算：对指标的评分值取加权平均，然后再经归一化处理得到权重分配！

权重确定方法2——Saaty's 权重法

专家进行评判打分的优点是可以最大限度地发挥专家个人的能力，在召开专家会议过程中利于交流信息、相互启发、集思广益、取长补短、考虑全面，但容易受到权威和大多数人意见影响，以及出现评判指标间重要性判断不一致等问题。成对比较法是另一种常用的评价方法。

信息交流地

当面对众多选择时，人们很喜欢用反复比较的方式进行选择。可以对同一层次上的各指标进行一一比对，再深入到下一层次的各指标间反复比较，在不断比较的过程中逐渐确定各指标的权重，这就是 Saaty 的层次分析法中权重确定的思想。

把不同的东西反复作比较，那么，这种"凭感觉"的判断准确吗？1834 年，德国生理学家恩斯特·海因里希·韦伯（Ernst Heinrich Weber）发现凭感觉进行判断的规律：就差别阈限而言，刺激物的增量与原来刺激物之比是一个常数。例如，一份报纸一夜之间从 1 元涨到 50 元，你会觉得无法接受；但是，一辆标价 100 万的奔驰说要涨价 50 元，你会觉得价格没有什么变化。还有，在嘈杂的环境中说话，你可能得使出吃奶的力气吼叫，而在安静的地方，则可轻声细语交流。

　　同样，人们辨别两样东西的重要性，不在于两者差异的绝对值，而是取决于差异的相对性。

　　20世纪70年代的美国运筹学家萨蒂（T. L. Saaty）教授有感于韦伯对差异性感觉的发现，用此原理创建了一种被称为层次分析法的评判方法。在确定权重的过程中，通过两两对比反复比较同一层次中指标的重要性来确定。以下面的层次结构图为例，对同一层次的"人品""身体"和"家庭条件"，需要两两比较。例如，比较"人品"对"家庭条件"的重要性，除了觉得两者同等重要外，还可能感觉前者比后者重要，例如，"极重要""很重要""重要"和"略重要"等这些能感受得到的等级；同样地，如果觉得前者不那么重要，反过来程度的表达可以有"略不重要""不重要""很不重要"和"极不重要"。

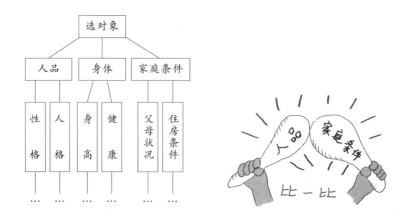

　　可见，如果你认为"人品"比"家庭条件"要重要很多，那么，反过来"家庭条件"比"人品"就很不重要。

心理学研究表明，在对事物的比较过程中，人的头脑中通常会产生五种明显的等级，可以用"极重要""很重要""重要""略重要"和"相同"来刻画这五种重要性程度，不重要的感觉程度亦如此。于是 Saaty 教授将这五个等级从弱到强分别用 1、3、5、7 和 9 的尺度标记。

不过，有时候人的感觉会存在一定的模糊中间状态。例如，"人品"比"家庭条件"是"很重要"还是"极重要"？有时候真的很难做到非此即彼的选择，基于此考虑，Saaty 教授在两种明显可感觉的程度间，加入了中间感觉的比较结果。于是，对于 A 指标对比 B 指标的重要性（或者不重要性），可构建如下标度：

A vs. B：

（1） A 指标重要性高于 B 指标重要性。

极重要		很重要		重要		略重要		相同
9：1	8：1	7：1	6：1	5：1	4：1	3：1	2：1	1：1

A vs. B：

（2） A 指标重要性低于 B 指标重要性。

极不重要		很不重要		不重要		略不重要		相同
1：9	1：8	1：7	1：6	1：5	1：4	1：3	1：2	1：1

下面，将甲妈评判考察对象的指标简化为"人品""身体条件"和"家庭条件"三项指标，现对此进行两两对比，假定经过家庭会议谈论后，对比结果如下：

A vs. B	人品	身体条件	家庭条件
人品	相同 （1：1）	相同与略重要间 （2：1）	重要 （4：1）
身体条件	相同与略不重要间 （1：2）	相同 （1：1）	略重要 （2：1）
家庭条件	不重要 （1：4）	略不重要 （1：2）	相同 （1：1）

数学上，可将表中比对结果的各项数字简化写成矩阵，这个矩阵在层次分析法中称为成对比矩阵：

A vs. B	人品	身体条件	家庭条件
人品	相同 (1:1)	相同与略重要间 (2:1)	重要 (4:1)
身体条件	相同与略不重要间 (1:2)	相同 (1:1)	略重要 (2:1)
家庭条件	不重要 (1:4)	略不重要 (1:2)	相同 (1:1)

$$\Longrightarrow \quad A = \begin{pmatrix} 1 & 2 & 4 \\ 1/2 & 1 & 2 \\ 1/4 & 1/2 & 1 \end{pmatrix}$$

具体的表格 $\Longrightarrow$ 抽象的矩阵

　　设 x、y 和 z 分别表示"人品""身体条件"和"家庭条件"的权重值，现将这些指标的权重值组成向量 (x, y, z)。成对比矩阵 A 的每一行代表了某个指标与其他指标重要性相较量的结果，因此，可将成对比矩阵 A 视作权重空间的某种变换，而作了线性变换 A 的指标权重值向量 (x, y, z) 的计算，需要从代数矩阵的特征值与特征向量来解决。

　　在矩阵的研究中，特征值与特征向量是一个很重要的数学概念。

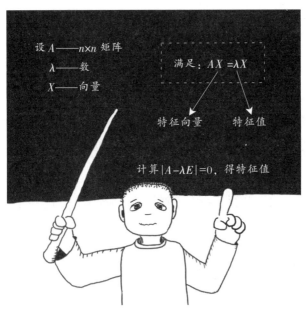

　　理论上，n 次多项式方程 $|A-\lambda E|=0$ 有 n 个根。不过，由于最大特征根保留了矩阵 A 最多的信息，因此，Saaty 权重法选取成对比矩阵 A 最大特征值后，将其对应的归一化后的特征向量作为对应指标的权重。

但在实际计算中，例如计算前述某姑娘的"人品""身体条件"和"家庭条件"的成对比矩阵 $A = \begin{pmatrix} 1 & 2 & 4 \\ 1/2 & 1 & 2 \\ 1/4 & 1/2 & 1 \end{pmatrix}$ 的最大特征值，可不是件轻松简单的事，如果矩阵 A 是一个 n 阶矩阵，则求其特征值需要解 $|A - \lambda E| = 0$ 这样一个 n 次多项式方程的解。

关于矩阵 A 的最大特征值及对应的特征向量近似计算，最简单省事的方法是应用一些专业的数值计算软件进行计算，例如，Matlab 软件，但应用这些软件往往要求使用者具备较高的计算机专业软件应用能力和数学专业知识，因此，对于一些阶数不高的矩阵，一种称为"和法"的算法是较为简单的求解最大特征值及其对应的归一化特征向量的近似计算方法。

计算机高手甲舅舅可不是浪得虚名！简单两条指令搞定！

上述 A 矩阵的最大特征值的近似值为3，对应的归一化特征向量近似为 $[0.57, 0.29, 0.14]$。

下面介绍"和法"确定权重指标的计算过程：

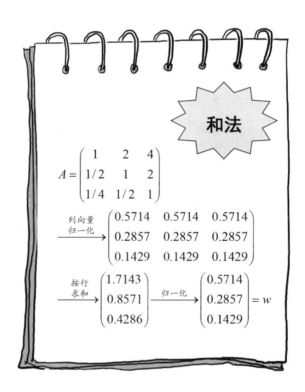

由此可得各项指标的权重：

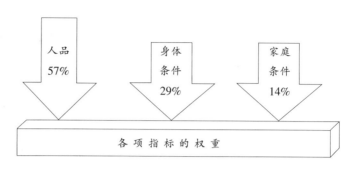

当各项指标的权重计算完成后，还需要对各人选分别在各指标下作对比。例如，以人品为例，通过掌握的信息反复比对三位姑娘的差异程度，在构建出人品下的成对比矩阵后，计算小乙、小丁和小丙姑娘该层次各指标的权重值。

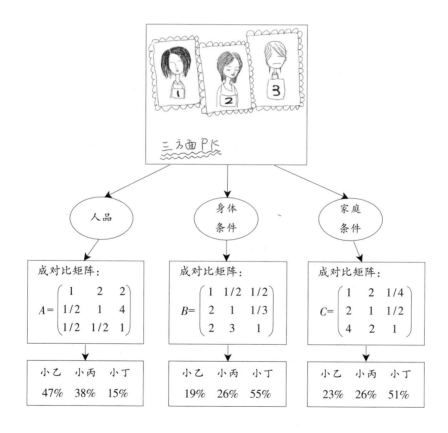

生活中的数学 ●●●

通过对各种指标的权重进行成对比矩阵计算，组合这些权向量便可以算出各选手的综合得分了！

得分结果：

小乙 ：$0.47 \times 57\% + 0.19 \times 29\% + 0.23 \times 14\% = 0.3552$

小丙 ：$0.38 \times 57\% + 0.26 \times 29\% + 0.26 \times 14\% = 0.3284$

小丁 ：$0.15 \times 57\% + 0.55 \times 29\% + 0.51 \times 14\% = 0.3164$

当小甲目瞪口呆听完甲妈的建议后，问当年他们也是这么选择对象的吗？

甲爸甲妈心里也不禁嘀咕：如果当年能这么理性，会不会比现在过得更好呢？

参考文献

1. 金慧萍，吴妙仙．高等数学应用 100 例：基于能力为导向的教学理念．杭州：浙江大学出版社，2011．

2. 胡兵．别说你不懂数学．北京：清华大学出版社，2018．

3. 顾森．思考的乐趣：Matrix 67 数学笔记．北京：人民邮电出版社，2012．

4. 刘新求，张垚．探寻"赌金分配问题"的历史解答．数学通报，2008，47（10）．

5. 梁宗巨，王青建，孙宏安．世界数学通史：下册．沈阳：辽宁教育出版社，2001．

6. 孙荣恒．趣味随机问题．北京：科学出版社，2004．

7. 邱东，汤光华．对综合评价几个阶段的再思考．统计教育，1997（4）．

8. 姜启源，谢金星，叶俊．数学模型．4 版．北京：高等教育出版社，2011．